NHK
园艺指南

图解葡萄整形修剪
与栽培月历

[日] 望冈亮介 著

赵长民 译

U0191387

机械工业出版社
CHINA MACHINE PRESS

12 个月
栽培月历
Grape

作者正在摘除副梢

目录
Contents

本书的使用方法

导读员

我是"12个月栽培月历"的导读员，将把书中每种植物在每个月的栽培方法介绍给大家。面对这么多种植物，能否做好介绍，着实有些紧张啊！

本书以月历（1~12月）的形式，对葡萄栽培过程中每个月的工作与管理做了详尽的说明。另外，还对其主要品种及病虫害防治方法等做了详细的介绍。

※ 在"葡萄栽培的基础知识"（第5~24页）部分，介绍了葡萄株型的培育和栽培特性、代表品种等。

※ 在"12个月栽培月历"（第25~81页）部分，介绍了葡萄栽培过程中每个月主要的工作与管理。按照初学者必须进行的"基本的农事工作"和中、高级者有意挑战的"尝试工作"两个层次加以说明，主要的操作步骤在对应的月份加以揭示。

当月的栽培工作列表

基本
基本的农事工作

挑战
中、高级的尝试工作

当月的管理工作列表

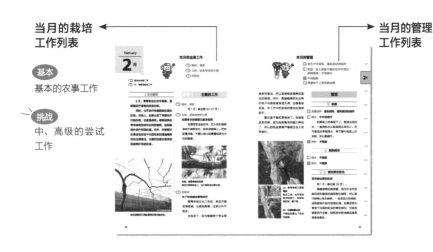

※ 在"主要病虫害及防治措施"（第82~87页）部分，对葡萄主要发生的病虫害及防治措施加以说明。

※ 在"葡萄生长发育过程中的常见问题"（第88~91页）部分，对葡萄栽培中的常见问题进行了分析。

- 本书以日本关东以西地区为基准（译注：气候类似我国长江流域），因地域、气候的不同，葡萄的生长状态、开花期、工作适期等也会不同。另外，浇水和肥料的使用只是一个参考，还要根据植物的生长状态适当进行调整。
- 在日本，对于已经登记的品种，禁止以转让、贩卖为目的进行无限制的繁殖。另外，有些品种即使是自用的，也禁止转让和过度繁育，必须与种苗公司签订合同。在进行压条等营养繁殖时，也要事前进行确认。

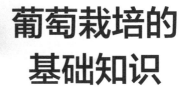

葡萄栽培的
基础知识

为能收获香甜的果实，首先要了解葡萄的特征、特性和品种。

Grape

葡萄的魅力

1. 品种很多

对于葡萄，可根据其果皮的颜色、果粒的形状、果肉的颜色、果实的香甜度，以及在自然状态下有无种子等形态特性进行分类，故其品种有很多，人们可以从众多的品种中选出自己喜欢的品种。

比如，像甲州这样在秋天长着鲜红的叶片，是以赏叶为乐趣的品种。

2. 已消失的某些品种
被重新栽培

农家栽培的葡萄品种，正向着大粒化方向发展。最近出现了单粒重100克以上的超大果粒的品种。与之相反，味道好但是产量低、果粒小的品种就逐渐被淘汰了。

但是在家庭中用于观赏的葡萄品种，却不会局限于产量和果粒的大小。人们想栽培味道好的品种，于是像早熟坎贝尔、Baffalo、Neheresukoru、斯丘潘等近年来已不见的品种又被发掘出来。

3. 喜欢有种子的品种

近来，从便于品尝的角度来看，趋向于选择无籽葡萄。但这些葡萄大多是用赤霉素处理才达到没有种子的，与其相比，还是未处理的有种子的葡萄味更浓、糖度更高、更好吃，香味也更受欢迎。

如果从植物为何结实这一角度来考虑的话，因为果实中的种子可以靠动物传播这一点非常重要，所以要保留种子，而且还可以提高葡萄的口感、香味。

4. 对土壤的适应范围广，较耐干旱

适于葡萄栽培的土壤酸碱度范围可从弱酸性到弱碱性，只是满足葡萄生长发育所需的土壤，酸碱度的范围还要稍微广一些。在日本，大多数的土壤不经过酸碱度调整就可以栽培葡萄。另外，即使是黏质的土壤，把土壤的排水和透气性改善一下，也可以进行葡萄栽培。

即使土壤不肥沃，也能栽培葡萄，只要施入少量的肥料，以防止树势衰弱。此外，葡萄还比较耐干旱。而湿度大时葡萄易生病，所以对于大多数的品种来说，无农药栽培和少农药栽培就显得困难了。

5. 无论怎样修剪新梢，花芽还是容易萌发

有些果树的花，只在新梢特定的位置着生，如果不小心把此处剪掉了，这一年就不能结实了。像这样的果树，在修剪新梢时会有烦恼，因为修剪不恰当就会陷于不结实的困境。

与此不同的是，葡萄新梢的芽同时含有花和叶，所以移栽的葡萄苗，只要不是种植天数少的嫩苗或日照条件不好的苗，不论怎样修剪新梢，都会有花芽萌发。

葡萄植株的培育

每年春天，从结果母枝的节上的芽处长出蔓状的新梢，之后会在新梢上结出果实。

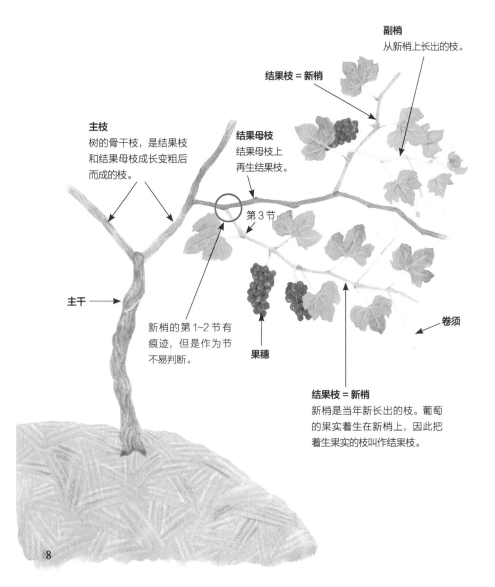

副梢
从新梢上长出的枝。

结果枝 = 新梢

主枝
树的骨干枝，是结果枝和结果母枝成长变粗后而成的枝。

结果母枝
结果母枝上再生结果枝。

第3节

主干

新梢的第1~2节有痕迹，但是作为节不易判断。

果穗

卷须

结果枝 = 新梢
新梢是当年新长出的枝。葡萄的果实着生在新梢上，因此把着生果实的枝叫作结果枝。

花穂

NP-K.Ishihara

退化的花丝　花药

雌蕊的柱头

NP-M.Fukuda

花穗（上）和花（下）
花穗是蕾和花的集合体。花上没有花瓣，当花展开时，雄蕊和附着花粉的雌蕊柱头就开始伸展。

果梗　小果梗

果粒

果穗
果粒集结在一起形成果穗。

分化成花穗后的卷须

NP-M.Fukuda

● 新梢

　　新梢是当年新长出的枝。新梢上有节，在各节上着生着叶、花穗（果穗）、卷须、腋芽（含有第 2 年可以萌发形成叶和花的混合花芽）。叶以互生的方式着生在新梢上。

● 花穗（果穗）

　　着生在新梢上与叶相对的一侧。1个新梢上的花穗数基本上是一定的，几乎都是在第 4~5 节上着生着第 1~2 穗花穗，在第 7~8 节上着生着第 3~4 穗花穗。有些品种在更远的节上还会着生花穗，而有些品种只着生 1~2 穗花穗。

● 卷须

　　新生的卷须和花有相同的器官，像幼苗那样。当树的营养不足时，它就不能分化成蕾而是成为卷须。卷须着生在与叶相对的一侧，多数是二叉式分枝。大多数的品种是两节连续着生卷须，跳过一节后又有两节着生。

● 副梢

　　新梢的腋芽第 2 次伸出的枝称为副梢，也叫二级枝。新梢向上伸展，副梢的生长就会被抑制，如果把新梢引缚成水平方向和下垂方向生长，副梢的生长就会很旺盛。

葡萄的特性和栽培要点

适于葡萄栽培的地域和温度

地域 葡萄属于温带作物，栽培气温适于年平均气温为 10~20℃，在北半球，一般生长在北纬 30~50 度的地域范围内。

耐寒性 新梢在落叶期完全变成茶色并且木质化以后，能耐 –10℃左右的低温。耐寒性最弱的时期，是在萌芽之后新叶刚长出时，若此时遭遇 0℃以下的晚霜，叶子也可能会干枯。

耐热性 在生长发育期间，高温对果皮的色泽度有很大的影响。葡萄的果皮开始着色的时期，是一年中气温最高的夏天。因此，在容易有高温天、酷暑天、夜温高的温暖地带，那些需着色系列的品种容易出现着色不良、糖度降低、味道变差。其受害程度，红色系列的品种比比黑色系列的品种要大。

要注意防热降温。盆栽葡萄，可搬到凉爽的场所；庭院栽培的葡萄，可向叶面喷水。

另外，如果土壤干燥使葡萄产生应激反应，有时也会促进果皮着色，所以庭院栽培时有着色不好的品种，把它栽到盆内，使之处于稍微干燥的状态，着色性也会变好。

适于葡萄生长的土壤

选择排水性好的土壤，即使不肥沃也能栽培葡萄 栽种果树时，有"栽过杉树的地方可栽梨，栽过红松的地方可栽桃和葡萄"的说法。这说明，梨树就像杉树那样喜欢肥沃并且保水性好的土壤；而桃树和葡萄树则像红松那样，即使是在贫瘠干旱的土壤中也可很好地生长。

栽培葡萄，对于土壤和用土没有特别的要求，但是葡萄还是需要排水和透气性好的土壤。如果是在排水不好的庭院栽培，将土地弄成土堆或者起垄栽培，即使是黏性土壤，也能很好地使其生长。

土壤酸碱度 葡萄虽然更喜欢弱酸性到弱碱性的土壤，但是它能够生长发育的土壤酸碱度的范围比较广，只要是没出现生长发育不良的黄化叶等症状，就没有必要太费脑筋去矫正土壤的酸碱度。

是庭院栽培，还是盆栽

无论是庭院栽培还是盆栽，都有其长处，又有其短处。

若希望收获大的果穗和较高的产

膨大期的果实在阳光
下生长。

量，采用庭院栽培比较有利。但是树体本身就很大，需要有宽阔的场所。而盆栽的树体小，容易培育，也易管理，但是因为根伸展的范围有限，产量也就减少了。

另外，"奥布·亚历山大麝香葡萄"等欧洲品种因为喜欢湿度小的气候，所以在日本进行庭院栽培就相当困难。即使进行遮雨，因空气中的湿度大也易发生病害，所以采用盆栽放在雨淋不着的地方栽培，能抑制病害的发生。

栽培环境和管理

日照好、通风透光 要想培育出高品质的葡萄，就要选在日照好、通风透光的地方进行栽培。葡萄虽然在能看报纸那样的光照下就能进行光合作用，但是要想收获高品质的葡萄，在有叶的时期，需要选在日光直接照射能达半天以上的地方进行培育。另外，如果通风条件不好的话，也容易发生病虫害。

浇水（土壤水分） 葡萄虽然是很耐干旱的植物，但是果皮薄的品种遇到干旱状态时会使果皮的伸展性变差，后

期当土壤中的含水量增加时，里面的果肉急剧地膨大而果皮的生长跟不上，就造成裂果。因此，从果粒开始膨大时，就要注意不能使土壤太干燥了。

施肥 如果施入肥料过多，树势过于旺盛，只是新梢伸展，结实方面就会变差，枝干也会变得软弱，易被病虫害侵入。因此，庭院栽培时，特别是生长发育变差的树体，收获之后的底肥就要多施。如果是盆栽，从新梢的伸长期到采收期进行定期施肥就行。

没有必要进行人工授粉

大多数葡萄品种的花是既具有雄蕊也具有雌蕊的两全花（也叫两性花），能够自花授粉，所以没有必要进行人工授粉。

不过，有些品种的花粉无萌发能力，不能完成自花授粉。对于这些品种，如果附近有健全花粉的葡萄品种，可由昆虫授粉而结实。如果用赤霉素处理，就会结出无籽的果粒。没有健全花粉品种的雄蕊的花丝（参见第9页）是弯曲的，很容易区分。

葡萄的品种

葡萄的简介

栽培的葡萄是葡萄科葡萄属的藤蔓性落叶矮树。在叶的相对一侧有卷须，这些卷须可以卷在棍棒等其他物体上进行生长。

葡萄属在全世界有90多种，广泛分布在从黑海沿岸到欧洲南部、北美、亚洲东部这三个区域。在日本也自生着紫葛葡萄、三角蔓葡萄、蘡薁等野生种。

栽培的葡萄大多数是以黑海沿岸等欧洲南部自生的葡萄种亚种（Vitis Vinifera Sylvestris）和北美自生的美洲葡萄这两个种为基础，分别选出了"欧洲种"和"美洲种"。

欧洲种、美洲种、欧美杂交种

现在世界上大多数国家和地区栽培的葡萄品种是欧洲种。但是，因为日本的气候高温多湿，要栽培欧洲种的葡萄就比较困难。美洲种的葡萄抗病性强，即使在湿润的环境中也可以露地栽培，不过果实的品质稍差一些。因此，人们用高品质的欧洲种和抗病性强的美洲种进行杂交，培育出了具有双方优点的杂交种。所以，在日本栽培的葡萄品种大多数是欧美杂交种。

狐香葡萄和麝香葡萄

在欧美杂交种中，有像基昂蒂葡萄这样具有独特香味——"狐香"的葡萄品种。对欧美人来说，这种香味不怎么受欢迎，但是对日本人，比起清淡又优质的"麝香葡萄"来，喜好"狐香葡萄"的就多一些。因为日本人长时间吃欧美杂交种的葡萄，所以也就习惯了狐香葡萄的味道了。对香味的描述可参见第93页。

紫葛葡萄
在日本，从北海道到四国的山地树林中自生着紫葛葡萄。与普通食用的葡萄品种相比，它的果粒小并且酸度强，口感稍差些。

NP-M.Tsutsui

2 倍体和 4 倍体

2 倍体和 4 倍体是表示葡萄体细胞中含有的染色体组数目的词语。

葡萄每个染色体组中具有形状各自稍微不一样的 19 条染色体。2 倍体的葡萄，在 1 个体细胞内形状相同的染色体各自有 2 个染色体组，合计有 38 条；4 倍体的葡萄，在 1 个体细胞内形状相同的染色体各自有 4 个染色体组，合计有 76 条。

4 倍体的品种，所具有的遗传信息是 2 倍体品种的 2 倍，所以多数是大粒，果粒中的种子比 2 倍体的品种相对少一些，但是容易发生落花落果（刚开花不久，便有较多的幼果粒脱落），形成的果穗就像牙齿脱落了一样（处理方法请参见第 88 页）。

2 倍体的品种，其果粒比 4 倍体品种的小，在 1 个果粒中有很多的种子，具有花、果不易脱落的特点。

另外，还有 **3 倍体的品种**。在自然生长状态下不产生种子，果粒也小，可利用赤霉素处理使其果粒膨大。

巨峰类品种的栽培要点

大多数的 4 倍体品种是以巨峰及与巨峰的杂交种为基础培育成的品种。像这样的一类被称为巨峰类，其香味有强有弱，像前面所说的有狐香味的品种较多。

因为 4 倍体品种的果粒比 2 倍体品种的大，所以要培育大粒品种的葡萄，大家都希望选 4 倍体品种。这种情况下，如果购买了 4 倍体品种的嫁接苗，树势强，新梢能旺盛地伸展，但也容易出现落花落果等生长发育上的几个问题。不过，因为比起嫁接苗来用插条而成的苗树势稳健并且容易管理，所以对于初学者来说，应先用插条培育而成的苗进行栽培，待熟练了之后再去尝试挑战用高质量的嫁接苗（参见第 37 页）。

黑色系品种、红色系品种、白色系品种

一般来讲，着色系的品种（黑色系品种和红色系品种）以味道和香味浓厚为主，白色系品种则以清爽香味为主。

推荐的葡萄品种

选择苗易获取，以及果粒的色泽、大小、采收期、糖度等受人们喜爱的品种。

❶ 采收期

　用赤霉素处理的葡萄，采收期可提早 2 周左右。

❷ 糖度

❸ 果粒的色泽、重量、形状

注：本书中出现的品种，如果没有标记是哪个国家的，就是由日本培育出的。

黑色系品种

巨峰

 巨峰

〔 欧美杂交种　巨峰类　4 倍体　巨大粒 〕
❶ 8 月中旬 ~9 月中旬　❷ 18%~20%
❸ 果粒紫黑色，10~13 克，短椭圆形

　　由石原早生和 Centennial 杂交而成。因为容易出现落花落果，所以在它开花时就必须进行花穗的整形和新梢的摘心。如果果穗太大，果皮的着色就不好，因此，就要对花穗进行整理，使一穗果保持在 350~450 克。巨峰有狐香的味道。

 先锋

〔 欧美杂交种　巨峰类　4 倍体　巨大粒 〕
❶ 8 月下旬　❷ 16%~21%
❸ 果粒紫黑色，14~20 克，短椭圆形
　　由巨峰和加浓玫瑰杂交而成，其果肉比巨峰结实，果穗大。容易徒长，因为其结实性比巨峰差，所以需要摘心等工作，较费时间。虽具有狐香味，不过比巨峰弱。

NP-N.Kamibayashi

先锋　　　　　　　　　　　　　　　　　　　　黑比特

🍇 藤稔

〔 欧美杂交种　巨峰类　4 倍体　巨大粒 〕
❶ 8 月中旬 ~8 月下旬　❷ 16%~18%
❸ 果粒暗紫红色至紫黑色，18~25 克，短椭圆形

　　由川井 682 号和先锋杂交而成，1985 年进行了品种登记。多少有落花落果的现象，但比巨峰少。树势强，抗病性也强，栽培容易。有狐香味。

🍇 紫玉

〔 欧美杂交种　巨峰类　4 倍体　巨大粒 〕
❶ 7 月下旬 ~8 月上旬　❷ 18%~22%
❸ 果粒紫黑色，10~13 克，短椭圆形

　　是巨峰的变异种，成熟期比巨峰早 10 天左右，果穗和果粒比巨峰稍微小一些，有狐香味。

🍇 黑比特

〔 欧美杂交种　巨峰类　4 倍体　巨大粒 〕
❶ 7 月下旬 ~8 月上旬　❷ 16%~19%
❸ 果粒紫黑色，14~18 克，短椭圆形

　　由藤稔和先锋杂交而成，2004 年进行了品种登记。即使是在近畿以西的温暖地区着色也很好，因为果皮着色比果肉成熟的时间早，注意不能过早地急于采收。几乎无香味。

🍇 黑奥林匹亚

〔 欧美杂交种　巨峰类　4 倍体　巨大粒 〕
❶ 8 月上旬 ~9 月下旬　❷ 18%~20%
❸ 果粒紫黑色，14~18 克，长椭圆形

　　由巨峰和巨鲸杂交而成，果皮色素分析的结果几乎和巨峰相同，所以列为巨峰优良系的一种，采收期比巨峰早数天，有狐香味。

🟣 宝满

〔欧美杂交种　2倍体　大粒〕

❶ 8月上旬~9月中旬　❷ 17%~18%
❸ 果粒青黑色或紫黑色，8克，短椭圆形

　　由早熟坎贝儿和奥布·亚历山大麝香葡萄杂交而成，1992年进行了品种登记。树势较强，抗病性也比较好，容易栽培。稍带点儿狐香味。

🟣 龙眼

〔欧洲种　2倍体　大粒〕

❶ 9月中旬~9月下旬　❷ 20%以上
❸ 果粒紫黑色，10~11克，卵圆形

　　由鲁贝尔麝香葡萄和甲斐路杂交而成，1998年进行了品种登记。特性与甲斐路相近。脱粒少，果穗的保存时间也较长。比较容易栽培，采收量也比较稳定。

🟣 贝利A麝香葡萄

〔欧美杂交种　2倍体　大粒〕

❶ 9月中旬　❷ 20%以上
❸ 果粒紫黑色，5~8克，圆形

　　由美国的杂交种贝利和欧洲种的玫瑰香在1927年杂交而成，是鲜食、酿酒兼用的主要品种之一。在开花前和开花后经过赤霉素2次处理后就可无籽，丰产性很好。虽说抗病性强，但是极易发生黑痘病（参见第59、83页）。

🟣 早熟坎贝儿

〔欧美杂交种　2倍体　中粒〕

❶ 8月中旬~8月下旬　❷ 15%~16%
❸ 果粒紫黑色，6~7克，圆形

　　1892年，美国用早熟穆尔韦德、Belverede与玫瑰香杂交而成。比较容易栽培，有很强的狐香味，本品种4倍体的变异种石原早生，是巨峰的杂交亲本。

🟣 Buffalo

〔美国杂交种　2倍体　中粒〕

❶ 8月上旬　❷ 20%以上　❸ 果粒呈稍带青色的紫黑色，用赤霉素处理的果粒重5~6克，长椭圆形；未处理的果粒重3.5~5克，圆形

　　是美国用赫伯特和沃特金斯杂交而成。在开花前和开花后用赤霉素进行2次处理就可培育出无籽果粒，耐寒性、抗病性强，丰产性好，栽培容易。有极好的狐香味。

🟣 斯丘潘

〔美国杂交种　2倍体　中粒〕

❶ 8月下旬　❷ 18%~23%
❸ 果粒暗紫红色至紫红色，3~5克，圆形

　　是美国用韦恩和谢里登杂交而成，1947年公布，甜味像蜂蜜，有独特的香味。果皮硬，无裂果。抗病性强，丰产性好，耐寒性弱。因为易受冻害，为了使枝条健壮，所以不要挂果太多。

🟣 北黑

〔欧美杂交种　2倍体　中粒〕

❶ 8月中旬~8月下旬　❷ 16%~18%
❸ 果粒紫黑色，4克，短椭圆形

　　由塞尼卡和早熟坎贝儿杂交而成，1991年进行了品种登记。它是适应寒冷地带的品种，在寒冷地带的采收期是9月上旬~9月下旬。有狐香味，采收期比早熟坎贝儿早1周左右。

🟣 安芸无核

〔欧美杂交种　2倍体　中粒〕

❶ 8月中旬~8月下旬　❷ 18%~19%
❸ 果粒紫黑色，3~3.5克（用赤霉素处理的果粒重4~5克），短椭圆形

　　由贝利A麝香葡萄和希姆劳德无籽葡萄杂交而成，1988年进行了品种登记，是无籽品种。开花结束后的1周内用赤霉素处理1次，果粒就能膨大到4~5克。果穗大，栽培容易并且也易着色。

NP-N.Kamibayashi　*NP-N.Kamibayashi*

斯丘潘　　　　　　　　　　　　　　　　　　夏黑

🍇 高尾

［欧美杂交种　巨峰类　4 倍体的异数体　用赤霉素处理的果粒为巨大粒，未处理的为中粒］

❶ 8 月中旬　❷ 18%~20%　❸ 果粒紫黑色，用赤霉素处理的果粒重 7~10 克，长椭圆形；未处理的果粒重 4~5 克，圆形

从巨峰的实生苗中选出，1975 年进行登记，是无籽品种。因为比 4 倍体的巨峰少 1 条染色体，所以不能正常进行授精。裂果少。

🍇 BK 无核

［欧美杂交种　巨峰类　3 倍体　用赤霉素处理的果粒为巨大粒，未处理的为中粒］

❶ 9 月中旬~9 月下旬　❷ 20% 以上　❸ 果粒青黑色或紫黑色，用赤霉素处理的果粒重 8~20 克，短椭圆形（未经处理的果粒重 3 克左右，圆形）

由 2 倍体的贝利 A 麝香葡萄和 4 倍体的巨峰杂交而成，2011 年进行了品种的登记，是 3 倍体的无籽品种。在花穗开满 3~6 天后用 100 毫克 / 升的赤霉素处理 1 次，不用疏粒，病虫害的发生少，裂果少，有狐香味。

🍇 夏黑

［欧美杂交种　巨峰类　3 倍体　用赤霉素处理的果粒为大粒，未处理的为中粒］

❶ 8 月上旬　❷ 19%~21%　❸ 果粒紫黑色，用赤霉素处理的果粒重 7~9 克；未处理的果粒重 3 克，短椭圆形

由 4 倍体的巨峰和 2 倍体的汤姆森无籽葡萄杂交而成，2000 年进行了品种登记，是 3 倍体的无籽品种。花穗开满时和开满后 10 天，分别用赤霉素处理 1 次，果粒就能膨大到 7~8 克。香甜。即使在夜温高的地域着色也很好，抗病性强，有狐香味。

NP-N.Kamibayashi

NP-S.Maruyama

特拉华

安芸皇后

红色系品种

🔴 特拉华

〔欧美杂交种　3倍体　小粒〕
❶ 7月上旬~7月中旬　❷ 20%以上
❸ 果粒深红色，1.5~2克，圆形

　　美国原产的自然杂交种，是日本葡萄栽培的主要品种之一，开花前和开花后用赤霉素各处理1次，就可得到无籽果粒。脱粒少，栽培容易，抗病性强。能最早成熟，采收期最早。

🔴 金特拉

〔欧美杂交种　3倍体　中粒〕
❶ 8月上旬~8月下旬　❷ 20%以上
❸ 果粒红褐色至紫红色，经赤霉素处理的果粒重2.5~3.5克，卵圆形

　　由4倍体的红珍珠和2倍体的奥布·亚历山大麝香葡萄杂交而成，1985年进行品种登记，是3倍体的无籽品种。在自然状态下几乎是无籽的极小粒，但是用赤霉素处理后就变成无籽的中粒。虽说几乎无香味，但是稍微带点儿麝香的味道，基本上不脱粒。

🔴 皇后尼娜

〔欧美杂交种　巨峰类　4倍体　巨大粒〕
❶ 8月上旬~9月中旬　❷ 20%以上
❸ 果粒鲜红色，15~17克，短椭圆形

　　由安芸津20号和安芸皇后杂交而成，2009年进行了品种登记。有淡狐香味，较抗病，无显著病害。

🔴 安芸皇后

〔欧美杂交种　巨峰类　4倍体　巨大粒〕
❶ 8月中旬~8月下旬　❷ 18%~20%
❸ 果粒鲜红色，13~15克，倒卵形

　　从巨峰自家授粉的实生苗中选出，1993年进行了品种登记。树势像巨峰那样强壮，新梢的伸展旺盛，比巨峰易发生落花落果，当夏天遇高温的年份，果皮着色浅。有狐香味。

🍇 红富士

〔欧美杂交种　巨峰类　4倍体　巨大粒〕
❶ 8月下旬　❷ 18%~20%
❸ 果粒鲜红色，10~14 克，短椭圆形

　　由金黄色麝香葡萄和克罗西奥杂交而成。因为疏粒比较容易，所以栽培也容易，不过易脱粒。丰产性好，裂果少，适于栽培的地区范围广。

🍇 红伊豆

〔欧美杂交种　巨峰类　4倍体　巨大粒〕
❶ 7月下旬 ~8月中旬　❷ 19%~20%
❸ 果粒鲜红色，10~18 克，短椭圆形

　　据说是由红富士的枝变异而来的品种。因为果粒容易密生，所以必须要进行疏粒。香味强。有较好的丰产性，裂果少，但容易脱粒。树势非常旺盛，抗病性较强，栽培容易。

🍇 戈尔璧

〔欧美杂交种　巨峰类　4倍体　巨大粒〕
❶ 8月中旬 ~8月下旬　❷ 20% 以上
❸ 果粒鲜红色，16~20 克，短椭圆形

　　由红皇后和伊豆锦杂交而成。外观看上去与安芸皇后相似，不过果肉比安芸皇后的要结实。

🍇 胭脂红葡萄

〔欧美杂交种　巨峰类　4倍体　大粒〕
❶ 8月上旬　❷ 19%~20%
❸ 果粒红褐色或紫红色，5~6 克，短椭圆形

　　由先锋和红珍珠杂交而成，2000 年进行了品种登记。在花穗开满时和开满 10 天后，分别用赤霉素处理 1 次，则果粒膨大，可得到密生的果穗及无籽的果粒，有狐香味。

🍇 新生玫瑰

〔欧美杂交种　2倍体　大粒〕
❶ 8月下旬 ~9月上旬　❷ 19%~20%
❸ 果粒鲜红色，7~9 克，椭圆形

　　由红玫瑰和阳光玫瑰葡萄杂交而成。用赤霉素处理后就可形成连皮都能吃的无籽果粒，有很好的麝香味。

🍇 红高

〔欧洲种　2倍体　大粒〕
❶ 9月上旬 ~9月中旬　❷ 18%~19% ❸ 果粒是接近于紫红色的深红色，8~10 克，短椭圆形

　　由白色系品种意大利的枝变异而来，1988 年在巴西被发现。果皮厚，裂果少。稍微带点儿麝香味。

戈尔璧

NP-N.Kamibayashi

● 甲州

〔 欧亚杂交种　2 倍体　大粒 〕

❶ 9 月下旬 ~10 月中旬　❷ 19%~23%

❸ 果粒紫红色，3~6 克，椭圆形

　　原产于山梨县，最近通过对其 DNA 的解析，才弄清楚它是由欧洲种和中国野生种（刺葡萄）自然杂交而成，是鲜食、酿酒兼用的品种。丰产性好，抗病性也好，几乎无裂果，容易栽培，几乎无香味。

● 里扎马特

〔 欧洲种　2 倍体　巨大粒 〕

❶ 8 月中旬　❷ 16%~18%

❸ 果粒蔷薇色至鲜红色，后期变为紫红色，10~16 克，圆筒形至长椭圆形

　　由苏联用卡塔库尔干和帕尔肯特杂交而成。因为果皮薄所以连皮也能吃，但易裂果，所以浇水时要注意。在果实的成熟期用稻草等覆盖植株的根部，使土壤保持一定的水分，可防止裂果。无香味。

甲州

● 红玫瑰

〔 欧洲种　2 倍体　巨大粒 〕

❶ 9 月上旬 ~9 月中旬　❷ 18%~19%

❸ 果粒呈稍带紫色的鲜红色，10~11 克，椭圆形

　　由玫瑰和奥山红宝石杂交而成。果皮稍厚，韧性好，不裂果，抗病性强。在庭院中也能栽培，但建议盆栽，这样安全且品质好。

● 奥山红宝石

〔 欧洲种　2 倍体　巨大粒 〕

❶ 9 月上旬 ~9 月中旬　❷ 18%~20%

❸ 果粒鲜红色至紫色，14~18 克，椭圆形至短椭圆形

　　由白色品种意大利的枝变异而来，1984 年进行了品种登记。该品种是日本人奥山孝太郎在巴西巴拉那州发现的，有很强的麝香味。

● 甲斐路

〔 欧洲种　2 倍体　巨大粒 〕

❶ 9 月中旬 ~10 上旬　❷ 18%~23%

❸ 果粒鲜红色，8~16 克，顶部尖卵形

　　由福来姆·托克和 新麝香葡萄杂交而成，1997 年进行了品种登记。果皮强韧，不裂果，抗病性差，在多雨地带很难栽培，日照多、干燥的地域很适合栽培。有很好的麝香味。

● 小型甲斐路

〔 欧洲种　2 倍体　巨大粒 〕

❶ 8 月中旬　❷ 18%~20%

❸ 果粒鲜红色至紫红色，8~10 克，短椭圆形至倒卵形

　　由奥布·亚历山大麝香葡萄、甲斐路及 CG88435 杂交而成。裂果少，抗病性强，早熟，容易栽培，用赤霉素处理可形成连皮都能吃的无籽果粒，有麝香味。

ARS

NP-N.Kamibayashi　　*NP-N.Kamibayashi*

阳光玫瑰葡萄　　　　　　　　　　　　　　　　　比特络维安科

白色系品种

🍇 阳光玫瑰葡萄

〔 欧美杂交种　2 倍体　巨大粒 〕
❶ 8 月上旬 ~8 月下旬　❷ 20% 以上
❸ 果粒黄绿色，12~14 克，椭圆形

　　由白南和安芸津21号杂交而成，2006年进行了品种登记。无裂果，容易栽培。在花穗开满时和开满后，分别用赤霉素处理1次，可培育出无籽的果粒，果粒重1g左右，连皮也能吃。有麝香味，很甜。

🍇 奥布·亚历山大麝香葡萄

〔 欧美杂交种　2 倍体　大粒 ~ 巨大粒 〕
❶ 9 月下旬 ~10 月上旬　❷ 20% 以上
❸ 果粒黄绿色，8~16 克，倒卵形

　　原产于非洲，从公元前就开始栽培，是世界上著名的葡萄品种，无裂果，不脱粒。生长发育需要高温，所以有温度的干燥地带最适宜，在我国东北地区栽培就比较困难。有很强的麝香味。

🍇 濑户巨人

〔 欧洲种　2 倍体　巨大粒 〕
❶ 9 月上旬　❷ 18%~19%
❸ 果粒黄绿色至黄白色，14~16 克，扁圆筒卵形

　　由古扎路卡拉和新麝香葡萄杂交而成，1989年进行了品种登记。雄蕊反转，花粉不能授精（参见第11页）。用赤霉素处理2次后果粒膨大，连皮也能吃。抗病性强，因易裂果，所以最好用盆栽，这样能避免雨淋。无香味。

🍇 比特络维安科

〔 欧洲种　2 倍体　大粒 〕
❶ 9 月上旬 ~10 月上旬　❷ 15%~16%
❸ 果粒黄绿色至黄白色，6~7 克，顶部尖勾玉形

　　原产于意大利（也可能是非洲北部）。果皮薄，连果皮也能吃。抗病性和耐寒性弱，在庭院栽培比较困难。用盆栽能避开雨淋。无香味。

白玫瑰

金手指

〔欧美杂交种　2倍体　大粒〕
❶8月中旬~8月下旬　❷18%~22%
❸果粒黄白色，6~8克，弓形至顶尖长椭圆形

　　由比特洛维安科与皇冠杂交而成，1993年进行了品种登记。可以在庭院栽培，但是因为在重黏质的土壤中栽培遇多雨时易出现裂果，所以还是用盆栽避开雨淋最安全。稍微有点儿狐香味。

多摩丰

〔欧美杂交种　巨峰类　4倍体　巨大粒〕
❶8月下旬　❷17%~19%　❸果粒黄白色至黄绿色，10~14克，圆形至短椭圆形

　　从白峰自然授粉后的实生苗中选出，1996年进行了品种登记。用赤霉素处理后就很容易得到无籽葡萄。抗病性也强，容易栽培。稍微有一点儿狐香味。

新麝香葡萄

〔欧洲种　2倍体　大粒〕
❶9月上旬　❷20%以上
❸果粒黄绿色，7~10克，椭圆形

　　由奥布·亚历山大麝香葡萄和甲州三尺杂交而成，1932年被命名。果皮厚，裂果少。也可在庭院栽培，有麝香味。

翠峰

〔欧美杂交种　巨峰类　4倍体　巨大粒〕
❶9月上旬　❷17%~20%
❸果粒黄绿色至黄白色，16~18克，长椭圆形

　　由先锋和Centennial杂交而成，1996年进行了品种登记。裂果少，因为抗病性稍弱，所以在庭院栽培就有点儿困难，无香味。

白玫瑰

〔欧洲种　2倍体　巨大粒〕
❶9月上旬~9月中旬　❷20%以上　❸果粒黄绿色至黄白色，8~14克，椭圆形至倒卵形

　　由罗沙克和奥布·亚历山大麝香葡萄杂交而成，1987年进行了品种登记。果皮薄，但是很坚韧，几乎无裂果。适于栽培的地域广泛，在日本山形县以南排水良好的土壤都适于栽培，酸味小，无香味。

Neheresukoru

〔欧洲种　2倍体　中粒〕
❶9月下旬　❷20%以上
❸果粒黄绿色，2~4克，卵形

　　原产于叙利亚，其果穗在众多葡萄品种中有过最大的记录，据说1穗果可达10千克。即使是作为观赏用也很有价值。栽培容易，香味小。

尼亚加拉

〔美国杂交种　2 倍体　中粒〕
❶ 8 月下旬　❷ 18%~21%
❸ 果粒黄绿色至黄白色，3~5 克，圆形

　　是美国用康科德和卡萨迪杂交而成，1872
年培育出来。裂果少，抗病性和耐寒性强，容易
栽培，有很强的狐香味，完全成熟时的香味非常
温和、平稳。

意大利

〔欧洲种　2 倍体　大粒或巨大粒〕
❶ 9 月下旬　❷ 20% 以上
❸ 果粒黄白色，10~18 克，椭圆形

　　是意大利用巴以坎和玫瑰香杂交而成，又叫
奥布·意大利麝香葡萄。裂果少，树势旺盛，抗
病性比较强，容易栽培，完全成熟时有很好的麝
香味。

巴拉迪

〔欧洲种　2 倍体　巨大粒〕
❶ 9 月下旬　❷ 17%~19%
❸ 果粒黄白色，10~18 克，顶尖长椭圆形

　　原产于中东黎巴嫩。果肉非常结实，咬起来
有"咯吱咯吱"的声音，很有嚼头。即使有裂果，
果汁也滴不出来。因为比较抗病，所以可以在庭
院栽培。无香味。

碧香无核

〔欧美杂交种　巨峰类　3 倍体　用赤霉素处理
的果是中粒，未处理的是小粒〕
❶ 8 月下旬　❷ 18%~20%
❸ 果粒黄绿色，用赤霉素处理的果粒重 4~5 克，
未处理的果粒重 1~2 克，圆形

　　由巨峰和康科德杂交而成。1993 年进行了
品种登记。耐寒性中等，在日本适于东北以西地
区栽培。栽培容易。有近似于狐香的香味。

甲斐美岭

〔欧美杂交种　巨峰类　3 倍体　用赤霉素处理
的果是中粒，未处理的果是小粒〕
❶ 8 月中旬 ~8 月下旬　❷ 18%~19%
❸ 果粒黄绿色，用赤霉素处理的果粒重 4~5 克，
未处理的果粒重 1~2 克，圆形

　　由红皇后和甲州三尺杂交而成，2000 年
进行了品种登记。抗病性强，栽培容易。几乎
无香味。

希姆劳德无核

〔欧美杂交种　2 倍体　中粒〕
❶ 7 月下旬 ~8 月中旬　❷ 17%~18%
❸ 果粒黄绿色，2~3 克，椭圆形

　　由安大略和汤姆森无籽葡萄杂交而成，是
美国培育出的极早熟的无籽品种。用赤霉素处
理 1 次，其果粒就可膨大 2 倍，抗病性和耐寒
性都很强，栽培容易，栽培适宜地区也广。有
特殊的香味。

碧香无核

酿酒葡萄品种

黑比诺（红葡萄酒用品种）

因为果皮的浸出物对葡萄酒的味道有很大的影响，所以酿酒葡萄一般选用那些果汁不易使浸出物味道变淡的小粒品种，并且在栽培过程中不需要摘除花穗、花穗整形、疏粒等。糖度可以和鲜食的品种相近，或比其高一点儿，如果鲜食时意外地感觉到有清淡的甜，也可以把果实做成料理，加入调味汁后再吃。另外，用于观赏红叶的品种也有很多。

黑比诺

〔红葡萄酒用品种　欧洲种　2倍体　小粒〕
❶ 8 月下旬 ~9 月下旬 ❷ 20%
❸ 果粒紫黑色，1~2 克，圆形

原产于法国的勃艮第。在古代就是酿红葡萄酒用的品种，也是勃艮第的代表品种。葡萄酒的香味浓，经过精心酿造还产生了很多名酒。取自法国巴黎东部的香巴尼地名的一部分香槟一直用该品种。早熟容易栽培，耐寒性差，但在温暖地带栽培时产出的葡萄不利于酿酒用，所以对栽培地域有选择。

黑甲斐

〔红葡萄酒用品种　欧美杂交种　2倍体　小粒〕
❶ 10 月上旬 ~10 月中旬 ❷ 20% 左右
❸ 果粒紫黑色，2 克，短椭圆形

由赤霞珠和黑皇后杂交而成，1992 年进行了品种登记。栽培比较容易，果皮的着色也好。虽然抗病性强，但要注意炭疽病（参见第 59、83 页）的发生。葡萄酒呈浓厚的紫红色，香味好，与赤霞珠的香味相似。

赛美蓉（白葡萄酒用品种）

赛美蓉

〔白葡萄酒用品种　欧洲种　2倍体　小粒〕
❶ 9 月中旬 ~10 月 ❷ 20% 以上
❸ 果粒呈明亮的黄绿色，2~3 克，圆形

原产于法国。作为波尔多的白葡萄酒用品种，非常有名。因为果皮薄，所以易感染灰霉病（参见第 59、83 页）。耐寒性弱，丰产性好。用该品种酿造的葡萄酒要存放 10 年才有其独有的味道。

雷司令

〔白葡萄酒用品种　欧洲种　2倍体　小粒〕
❶ 9 月上旬 ~10 月上旬 ❷ 16%~20%
❸ 果粒黄绿色，1~3 克，圆形

德国酿造白葡萄酒的主要品种。适宜于寒冷地带，在日本的东北地区（如北海道）生长的该品种能酿造出略有酸味、香气扑鼻的葡萄酒。抗病性稍弱。

12 个月
栽培月历

将葡萄栽培中的主要工作和管理按月份进行了简单的说明与汇总，有助于读者培育出引以为豪的果实。

Grape

葡萄全年栽培工作、管理月历

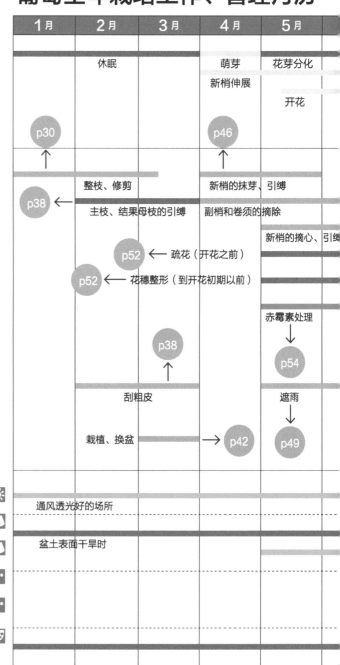

	1月	2月	3月	4月	5月
生长发育状态		休眠		萌芽 新梢伸展	花芽分化 开花
	p30 ↑			p46 ↑	
主要工作		整枝、修剪		新梢的抹芽、引缚	
	p38 ←	主枝、结果母枝的引缚		副梢和卷须的摘除	
					新梢的摘心、引缚
		p52 ← 疏花（开花之前）			
		p52 ← 花穗整形（到开花初期以前）			
					赤霉素处理 ↓
			p38 ↑		p54
		刮粗皮			遮雨 ↓
		栽植、换盆	→	p42	p49
管理	放置场所（盆栽）	通风透光好的场所			
	浇水（盆栽）				
	浇水（庭院栽培）	盆土表面干旱时			
	施肥（盆栽）				
	施肥（庭院栽培）				
	病虫害的防治				

6月	7月	8月	9月	10月	11月	12月
				养分蓄积	落叶	休眠
		果粒膨大				
		果粒软化				p30
		p74 ←	早期落叶的防止			整枝、修剪
				p47 、 p57		防寒（寒冷地区）
			p48 、 p64			
疏果（花开满 2~3 周后至果实软化初期）→ p60						p78
	套袋、遮伞（疏果结束后）→ p62					
	树上选果 → p69					
	收获 → p73					p78
p67 ← 防鸟措施（到采收结束）						
				落叶的处理		
			p77 ← 改良土壤			
压条				栽植、换盆（日本关东以西地区）→ p42		
↓ p65						p78
遇连续晴天和采收刚结束后都要浇水						
当生长发育不好时，施用多次速效复合肥						
生长发育不好时需施肥		在采收结束后施底肥				

27

1 月

基本 整枝、修剪

基本 基本的农事工作
挑战 中、高级的尝试工作

1 月的葡萄

1 月是非常寒冷的时期，葡萄树正处于休眠状态。

这时是整枝、修剪的适期，但不适合只留 1~2 个芽的短梢修剪，因为有时会因干旱和寒冷使芽枯萎，所以等过了严寒期之后再进行短梢修剪。留 5 个芽以上的长梢修剪（参见第 30 页），干枯的危险性就低。

从落叶后到萌芽前是购入苗木并对苗木进行处理的最佳时期。因为葡萄的枝是藤蔓状伸展，所以能享受到培育各种树形的乐趣（参见第 32~37 页）。

处于休眠中的枝从外观看像是干枯了一样，但是内部是绿色的，它在等待春天的到来。

主要的工作

基本 整枝、修剪

为了收获好的果实，需调节好树势

如果对枝不进行修剪而放任其生长，春天以后的枝就会长得混杂拥挤，其管理工作就非常复杂了。另外，如果通风透光不好，也容易发生病虫害。更进一步来看，繁茂的枝叶遮挡住果实，容易招致果皮着色不良和果汁糖度降低。

大部分的葡萄冬芽是已经具有花和枝的原基的混合芽。因此，无论剪掉哪根枝，从留下的芽伸展出的新梢一般都有果实，可以大胆地进行修剪。

枝的修剪方法有短梢修剪和长梢修剪。长梢修剪适宜于各种葡萄品种，但是短梢修剪对 4 倍体这种树势强的品种就不适合。

修剪时应留下好的枝条。所谓好枝，就是芽和芽之间的节间短，着生的芽大且非常充实，枝的断面呈圆形。而断面扁平的枝，由于营养过多，容易受冻害和冷害，故不被选留。具体的修剪工作请参见第 30 页。

本月的管理

❄ 放置在户外明亮、通风良好的场所

🌢 盆栽：盆土表面干燥时在中午浇水
　　庭院栽培：不用浇水

⬛ 不用施肥

🐞 检查枝干上有无病虫害

管理

🪴 盆栽

❄ 放置场所：**放在明亮、通风良好的场所**

🌢 浇水：**中午前后浇水**

如果盆土的表面干了，就浇入充足的水，一直浇到水从盆底流出来为止。这样可把根呼吸产生的二氧化碳从土壤中排出来，并换上新鲜的空气。在气温低的早晚浇水，有可能导致盆土的冻结，所以要避开。

⬛ 肥料：**不需要**

🏠 庭院栽培

🌢 浇水：**不需要**

⬛ 肥料：**不需要**

🪴🏠 病虫害的防治

天牛类的幼虫、透翅蛾类的幼虫等

树叶脱落后的休眠期，是发现枝干中病虫害的最佳时期。一旦发现就立即进行防治（参见第 59、85 页）。干枯的卷须和落叶，修剪下来的枝，都是病原菌和害虫的越冬场所，所以要将其摘除并集中到院外进行销毁处理。

专栏

苗木的采购

冬天是苗木的购入适期

受欢迎的品种和好的苗木因为很早就会卖完，所以应在 9~10 月进行预订。如果是珍贵品种，需要预订才能来苗，所以应在 3 月以前进行订购（送达时间为订购年份的 11 月）。

好苗的选择方法

枝非常健壮、节间短、芽大、根多的就是好苗。在粗皮下没有病虫害隐藏也很重要。

买入后的注意事项

从种苗公司送来的苗木的根上几乎都没有附着土，至栽植时不要使其早着，先将其埋到土里，或者栽到盆里。栽前 1 天，把根放在盛满水的容器中，使其吸足水，有备无患。

春夏时节买到带着果实的苗木，如果栽到庭院里，就要把果实全部摘除；如果是盆栽，在栽植适期之前，暂且栽到比其根冠大一圈儿的盆内，保留果实且不要将根弄乱。

葡萄的冬芽

葡萄的冬芽，为了耐寒，其表面都覆有一层坚硬的鳞片。在芽的内部，来年春天才会萌芽的花穗和新梢早已形成，并且被柔毛包围着。

冬芽萌芽后，在伸展的梢上着花、着果。芽的充实从新梢基部开始，依次扩展至枝尖，因此，离基部近的芽形成的花，往往是比较大的。

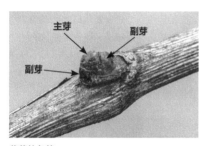

葡萄的冬芽
中央是主芽，通常被副芽包裹。当主芽受到损伤时，副芽就代替主芽进行萌发。

修剪的种类

从顶端向回修剪（回剪法） 在枝的中间进行下剪使枝变短的修剪方法。根据枝的长短分为以下几种情况。

❶ **短梢修剪**（从基部留下 1~3 个芽）

❷ **中梢修剪**（从基部留下 4~6 个芽）

❸ **长梢修剪**（从基部留下 7~9 个芽）

❹ **超长梢修剪**（从基部留下 10 个芽以上）

疏枝 把枝从基部剪掉，从而减少枝的数量。

剪切量 从顶端向回修剪有增强树势的效果，疏枝对树势的强弱几乎没有影响。

冬天修剪留得短，春天以后新梢就能旺盛地伸展；留得长，伸展得就慢，所以生长发育差的树就要狠剪，长势旺盛的树就要轻剪。

短梢修剪
留下 1~3 个芽进行短梢修剪。

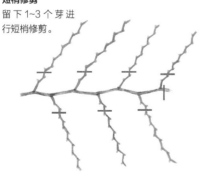

长梢修剪和疏枝

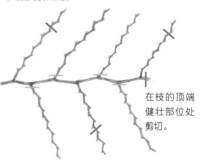

在枝的顶端健壮部位处剪切。

长梢修剪 —— 修剪后留下 7~9 个芽。
疏枝 —— 从枝的基部将枝剪掉。

长梢修剪的要点

首先要除去枯死的枝。枝落叶后很难判断其是枯死了还是活的。有的枝从基部到中间虽说是活的，但是枝尖已经枯死了。因此，如果剪切口呈茶色或褐色，就需再向里剪，一直剪到浅绿色的部分。

长梢修剪的树就以疏枝为主。留下的枝越长，就越需要通过疏枝来减少留枝的数量。

短梢修剪的要点

适于盆栽和不想让枝伸展过长的庭院栽培的情况。如果是短梢修剪，就不怎么需要疏枝了。

将枝短截的短梢修剪，因为寒冷和干旱易使切口处干枯，所以当气温降到0℃以下时不要实行。最初可先进行预备修剪，将枝留得长一点儿，等过了最寒冷的时期，即2月中旬以后再进行短截。

像巨峰这样树势强的品种，短梢修剪会使树势变得更强，能诱发落花落果和自然条件下的无籽小粒果。用赤霉素处理后能促进果实的膨大，收获无籽大粒果。但是想培育有籽葡萄的话，就不要采用短梢修剪。

枝的修剪方法

可以在枝的芽和芽之间进行剪切，只不过在严寒地区，由于干旱和冻害会使带芽的枝从切口处向里干枯，所以要在想留芽的下一个芽处下剪，而节的部分会形成细胞变厚的节壁，这种修剪叫作牺牲芽修剪法。

牺牲芽修剪
在预留芽的下一个芽处下剪。

牺牲芽修剪的断面（右）
左边是从节间剪切的枝，右边采用牺牲芽修剪的切口粗、壁厚，可以防止由于寒冷造成的枯死。

主枝的更新

有的主枝上只是伸展出一些弱的新梢，也有的主枝变成了衰弱枝（参见第90页），遇到这种情况时就要果断地更新主枝。

整形培育方法 （修整树形的方法）

棚架式整形培育

这是获得单位面积采收量最多的整形培育方式。从地面到棚架因为有一定的距离，所以通风好，对病虫害预防也非常有利。另外，因为可以把新梢引缚到棚架上，所以能够抑制新梢伸展的程度，对坐果很有利。无论是在平坦的场所还是在有坡度的地方都可以。

一般棚架到地面的高度以 2 米的居多，但是可根据个人管理需要来决定棚架的高度。棚架的设置可与农技推广中心或服务中心等协商而定。主枝可修整成一字形、H 形、X 字形等树形。

篱笆墙式整形培育

这是欧美酿酒葡萄用的栽培方式，采用一字形整形培育法。新梢伸展旺盛，但管理繁杂又难坐果。在定植苗时把栽植穴挖得小一点儿可抑制根的扩展，保持树势的稳定。

花盆培育

花盆培育时有篱笆墙式整形、灯笼式整形、方尖塔式整形等方式，都是将结果母枝和新梢引缚到各式各样的支柱上（参见第 36 页）。

棚架式整形培育 适合各种品种。

篱笆墙式整形培育 下垂引缚（参见第 35 页）对各种品种都适合，向上引缚（参见第 34 页）对树势强的品种就不适合。

盆栽的灯笼式整形培育

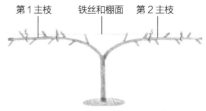

一字形整形培育的主枝（从横断面看）

苗木的芽萌发之后从中选 1 根最好的枝，当达到铁丝或棚架面时，沿着想使其伸展的方向引缚到棚架上，把这根枝作为第 1 主枝。在铁丝或棚架下再有强的副梢就作为第 2 主枝引缚到棚架上，使其与第 1 主枝呈反方向伸展。

根据主枝的配置来培育树形

一字形整形培育——短梢修剪

因为是进行短梢修剪，所以对于初学者来说，它也是浅显易懂的整形培育方法。从树的正上方看，葡萄树形呈一字形。

H 形平行整形培育——短梢修剪

因为主枝的数量比一字形整形培育的多，所以采收量也随之增加，但是所需的场所也更要宽敞。从树的正上方看，葡萄树形为 H 字形。

X 字形自然形整形培育——长梢修剪

这是棚架式多数采用的整形培育方法。为防止出现衰弱枝（参见第 90 页），培育主枝的顺序是非常重要的，且原则上配置 4 根主枝。培育 1 根主枝需要 1 年，所以配置 4 根主枝就需要 4 年。

从各主枝前端健壮的部位剪切，以维持树势。以 3.3 米² 内配置 7~8 个芽的结果母枝 5~6 根为标准，但是根据不同的品种和树势可适当进行增减。

为了不使枝形成衰弱枝，控制好第 1 主枝基部到第 3 主枝分杈处的距离（ⓐ）、第 2 主枝基部到第 4 主枝分杈处的距离（ⓑ），以及各自的主枝基部到其主枝上出来的第 1 副枝分杈处的距离（ⓒ、ⓓ、ⓔ、ⓕ）是很重要的。

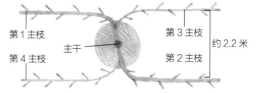

H 形平行整形培育的主枝（从上方看）

苗木的芽萌发之后，选最好的 1 根拉伸开作为第 1 主枝，若在铁丝或棚架下面有强的副梢就将其拉伸开作为第 2 主枝。

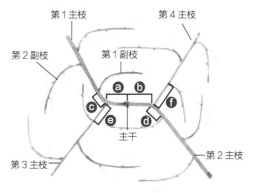

X 形自然形整形培育的主枝（从上方看）

苗木的芽萌发之后，选 1 根最好的枝，沿着想使其伸展的方向拉伸开并引缚到棚架上，把这根枝作为第 1 主枝。利用第 1 主枝的副梢形成的第 2 主枝，要引向和第 1 主枝相反的伸展方向并引缚到棚架上。第 3 主枝从第 1 主枝上分出，第 4 主枝从第 2 主枝上分出。

※ 距离ⓑ比ⓐ长，ⓒ、ⓓ、ⓔ、ⓕ的依次加长（ⓓ和ⓔ的距离大体一致也可以）。

整形培育方法 ② （庭院的篱笆墙式整形培育）

庭院栽培中最简单的整形培育法

篱笆墙式整形采用一字形整形培育法（参见第33页），适合比较狭窄的庭院。

这种方法又分为把新梢引缚到上方的整形培育法和使之下垂的整形培育法。把新梢向上引缚，能使其旺盛地生长，而下垂引缚在一定程度上能控制其伸展。另外，向上引缚时，坐果的位置向下，叶子遮阴会降低果实的品质。

铁丝和主枝的位置

铁丝的数量，因向上引缚和下垂引缚时整形培育法的不同而有所变化。如果是向上引缚，就要把主枝引缚至最下面的铁丝上；如果是下垂引缚，就要把主枝引缚至最上面的铁丝上。

向上引缚的整形培育法

第1年的春天到秋天的树形

从苗木上伸展的新梢中，选出最好的留下，其余的新梢都剪掉。留下的新梢，在引缚时，要考虑绑缚的位置并留下强壮的副梢，把其余的副梢剪掉，按左右方向拉伸引缚到铁丝上，作为第1主枝、第2主枝培育。

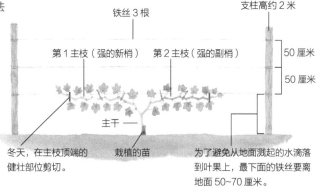

铁丝3根

支柱高约2米

第1主枝（强的新梢）　第2主枝（强的副梢）

50厘米

50厘米

主干

冬天，在主枝顶端的健壮部位剪切。

栽植的苗

为了避免从地面溅起的水滴落到叶片上，最下面的铁丝要离地面50~70厘米。

第2年的春天到秋天的树形

从主枝上长出新梢，要进行抹芽（参见第46页），保留的新梢间隔约30厘米，以培育新枝。第3年可见到果，第2年即使是有果也很稀疏。

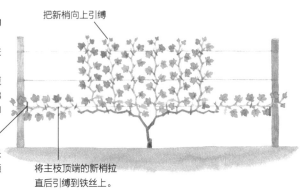

把新梢向上引缚

主枝伸展到理想的长度时，就可在主枝顶端的健壮部位剪切。

将主枝顶端的新梢拉直后引缚到铁丝上。

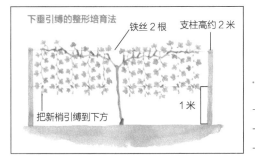

下垂引缚的整形培育法

铁丝 2 根　　支柱高约 2 米

把新梢引缚到下方

1 米

对于任其生长的棚架，重新整形培育

长期生长发育的葡萄枝生长紊乱，经常遇到无法管理的局面。这种情况下，修剪的要点是将混杂拥挤的枝减少。冬天修剪可按以下的顺序进行。

冬天修剪时，如果遇到不知如何剪枝的情况，可在枝叶繁茂的春天或初秋修剪枝条并重新引缚，使树冠内部变得明亮透气。

❶ 疏枝增大空间

把混杂拥挤的枝果断剪掉。首先，同一地方如果有 2 根以上的枝同时伸出，就从中选 1 根好的留下，把其余的疏掉。如果枝还是拥挤，就对重叠的主枝和结果母枝进行疏枝，以减少混杂。

❷ 副梢的修剪

冬天的修剪，基本上是把去年的副梢从基部进行剪除（参见第 30 页）。

❸ 把枝引过来填补空隙

修剪结束后，将结果母枝引缚到无枝的地方，重新配置使枝平衡。

第 2 年冬天的修剪

去年的结果枝经短梢修剪后成了今年的结果母枝。开春以后，从每根结果母枝上萌发的新梢各留 1 根，将其有距离地引缚到铁丝上。

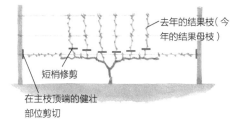

去年的结果枝（今年的结果母枝）

短梢修剪

在主枝顶端的健壮部位剪切

第 3 年以后冬天的修剪

反复进行短梢修剪。几年后，结果母枝逐渐变长，因为离主枝越来越远，所以尽可能从基部剪切。

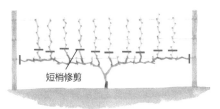

短梢修剪

栽植后第 5 年的结果母枝

右图中所示为经过了 4 次短梢修剪的部分，叫作"芽座"。

整形培育方法 ③ （花盆或者箱式花盆）

箱式花盆的篱笆墙式整形培育

主枝的培育和修剪方法，与庭院栽培的篱笆墙式整形培育法（参见第34页）相同，也需要反复进行短梢修剪。

新梢可向上引缚，也可下垂引缚。因为下垂引缚能抑制新梢的伸展，而用根域有限的箱式花盆要维持树势的话，采用向上引缚比较适合。

1.2~1.5 米的支柱

长 60 厘米以上的箱式花盆

灯笼式整形培育

约 2 米高的支柱

10 号以上的花盆

❶ 第 1 年的春天到秋天
从盆栽的苗木上发出的新梢中选取最好的 1 根新梢，拉直引缚到笔直的支柱上。

灯笼支柱

❷ 过渡到第 2 年的冬天
把枝从支柱上卸下来盘到灯笼支柱上，盘 2 圈后固定住。

对春天以后伸展的新梢进行疏剪，留下 3~4 根，盘上两圈进行引缚，把去年的枝条遮住。

❸ 第 2 年的春天到秋天
1 个新梢上留 1 穗，其余的剪掉。

● 第 2 年的冬天以后就要反复进行短梢修剪。

方尖塔式整形培育

所谓方尖塔式整形培育，就是在花盆中立上细长鸟笼状的支柱，把枝螺旋状地引缚到支柱上。方尖塔的高度一般为1~1.5米。

新梢

10 号以上的花盆

❶ 第 1 年的春天到秋天
选留长、粗壮并且离植株基部近的 2~3 根新梢。

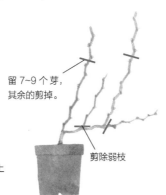

留 7~9 个芽，其余的剪掉。

剪除弱枝

❷ 过渡到第 2 年的冬天
把枝从方尖塔上卸下，进行长梢修剪。重新设置方尖塔，再把修剪之后的枝条引缚到方尖塔上。

❸ 第 2 年的春天到秋天
把春天以后伸展的新梢留下 3~4 根，其余的剪掉，1 个新梢上只留 1 穗果。第 3 年开始的冬天就反复进行短梢修剪。

专栏

是用嫁接苗，还是自根苗

葡萄是插条就很容易生根的植物。起初在欧洲主要采用插条栽培，后来北美的葡萄根瘤蚜通过插条传到了欧洲，葡萄受害严重到了几乎灭绝的程度。之所以能渡过，是因为培育出了能抗这种虫害的砧木。现在，从种苗公司购买葡萄苗时，首选嫁接苗。但这些嫁接苗结的果实，和用插条繁殖的自根苗结的果实的味道不一样。只要在近处没有发生根瘤蚜等虫害，葡萄受害的危险性就很低，所以培育嫁接苗和自根苗，研究一下葡萄味道的不同也是一件很有趣的事。

February

2 月

基本 基本的农事工作

挑战 中、高级的尝试工作

本月的主要工作

基本 整枝、修剪

基本 主枝、结果母枝的引缚

挑战 刮粗皮

2 月的葡萄

2 月，葡萄树还处在休眠期，是继续进行修剪的适宜时期。

同时，也可进行休眠期病虫害的防治。在枝上，如果出现了带黑色并凹陷的斑，这就是病斑。要剪掉那些带有病斑的枝和枯死的卷须，运到庭院外进行彻底处理。另外，在修剪时如果发现在枝干内部取食的透翅蛾类的幼虫等害虫，也要把这部分剪掉运到庭院外彻底处理。

NP-N.Kamibayashi

经过修剪和引缚配置得非常均衡的枝。

主要的工作

基本 整枝、修剪

同 1 月（参见第 30~37 页）。

基本 主枝、结果母枝的引缚

如果冬天的修剪已基本结束

在萌芽前这段时间，把主枝和结果母枝引缚到支柱、铁丝或棚架上。把枝配置均衡，不要让枝出现重叠或者有大的空隙等。

主枝、结果母枝的引缚
将枝引缚到铁丝上，但不要把枝拉得太紧。

挑战 刮粗皮

为了防治病虫害而进行

葡萄的枝生长几年后，树皮开裂变得粗糙，也易被剥离，这部分叫作粗皮。

在粗皮下，因为隐藏着介壳虫等

本月的管理

❄️ 放在户外明亮、通风良好的场所

💧 盆栽：盆土表面干燥时在中午浇水
庭院栽培：不用浇水

🎲 不用施肥

🐛 检查枝干上有无病虫害

越冬的害虫，所以刮掉粗皮能降低害虫的密度。另外，透翅蛾类的幼虫等在枝干内部取食形成孔洞，也容易被发现，在工作中把发现的害虫处理掉即可。

要注意不能把芽刮掉了。刮除粗皮后的树，因为抵御寒冷的能力降低了，所以刮粗皮要等严寒期过去之后再进行。

上：用专用的工具刮粗皮

刮皮工具，也可用修剪用的剪刀、修剪锯条的背、镰刀等。

左：不能刮得太深

不能刮到露出了树的形成层。

管理

🪣 盆栽

❄️ 放置场所：**放在明亮、通风良好的场所**

💧 浇水：**中午时进行**

如果盆土的表面干了，就浇充足的水，一直浇到水从盆底流出来为止。在气温低的早晚浇水，有可能引起盆土的冻结，所以要避开。

🎲 肥料：**不需要**

⬆️ 庭院栽培

💧 浇水：**不需要**

🎲 肥料：**不需要**

🪣⬆️ 病虫害的防治

冬天病虫害的防治

同1月（参见第29页）。

黑痘病等的病原菌，因为在去年发病的枝和卷须的病斑部分越冬，所以要仔细确认有无病斑，一旦发现立即摘除，运到庭院外进行彻底处理。如果发现为害枝干内部的幼虫的寄生部位，可结合修剪进行去除。刮粗皮对防治病虫害是很有效果的。

3月

本月的主要工作

基本 整枝、修剪（3月上旬）

基本 主枝、结果母枝的引缚

基本 栽植、换盆

挑战 刮粗皮

3月的葡萄

3月，气温、地温逐渐升起来了。即使葡萄还没开始萌芽，但是在树内部树液的流动已经开始，从休眠中复苏了。因为这时期再剪枝的话树液就会溢出，所以整枝、修剪在3月上旬就要弄完。

萌芽开始之前就要把主枝和结果母枝引缚好。另外，如果没有冻害的话就可以栽植了。提前挖好定植穴，使用市售的土壤酸碱度测定仪和试剂，提前调节好土壤的酸碱度。

随着气温的上升，葡萄从休眠中复苏，这时修剪易使树液溢出来。

主要的工作

基本 整枝、修剪

在3月上旬之前就要修整好枝条

同1月（参见第30~37页）。修剪迟了的话，开始流动的树液会从枝的切口处溢出，并且止不住。树液虽然很少，但因为其含有养分，为了不造成养分的浪费，所以整枝、修剪要在3月上旬之前完成。

基本 主枝、结果母枝的引缚

同2月，到萌芽之前就要弄完（参见第38页）。

基本 栽植、换盆

温暖地、寒冷地都可以进行

过了严寒期，到萌芽开始之前，是栽植、换盆的适宜期。买了苗后，要防止根干旱（参见第29页）。

庭院栽植时，提前调节好栽植场所的土壤酸碱度，如果酸性太强时，提前1周撒用石灰进行调节。适宜葡萄生长发育的土壤酸碱度是从弱酸性到弱碱性。

挑战 刮粗皮

同2月（参见第38页）。

本月的管理

- ✳ 放在户外明亮、通风良好的场所
- 🌢 盆栽：盆土表面干燥时浇水
  庭院栽培：不用浇水
- ▦ 不用施肥
- ◉ 检查枝干上有无病虫害

1月

2月

3月

4月

5月

6月

7月

8月

9月

10月

11月

12月

管理

🏺 盆栽

✳ **放置场所：放在明亮、通风良好的场所**

🌢 **浇水：在盆土表面干燥时浇水**

　　浇充足的水，一直浇到水从盆底流出来为止。

▦ **肥料：不需要**

🌱 庭院栽培

🌢 **浇水：不需要**

▦ **肥料：不需要**

🏺🌱 病虫害的防治

天牛类的幼虫、透翅蛾类的幼虫等

　　同1月（参见第29页）。

专栏

芽伤处理

　　因为葡萄有很强的顶端优势，不特别管理的话也只是在结果母枝顶端的2~3个芽萌发，结果的部位逐渐向枝尖处移动，树长得就很大了。为此，农户在葡萄树液流动刚开始时，对长的结果母枝进行"芽伤处理"，可使萌芽一致。若萌芽一致的话，其后新梢的生长发育也一致，用赤霉素进行处理时，用很短的时间就能完成。

　　芽伤处理如果过早的话，会遭遇冷害；晚了的话从切口处流出的树液止不住，枝就衰弱。另外，如果不使用专用

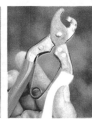

左：进行芽伤处理的芽
在想使其萌芽的上方；弄伤并深达形成层，这个芽就能萌发。
右：芽伤处理专用剪

的剪刀，形成的伤口太深，枝容易折断。所以，在进行家庭园艺栽培时，可以不进行芽伤处理。

基本 栽植、换盆

适期: 3月（寒冷地、温暖地都可）、
11月（寒冷地除外）

向盆内栽植、换盆

花盆 10号以上的花盆，或用长60厘米以上的箱式花盆。一般是用管理轻松、盆土不易干旱的塑料制品花盆，如果注意盆土的干旱情况，用赤陶花盆也没问题。

用土 对土虽说没有特别的选择，但是排水和通气性要好，并且含有微生物的最适宜。庭院内的土、草花用土、蔬菜用的培养土，或者红玉土7份与腐叶土3份配合起来的土均可。

换盆 花盆中的根长满时，树势就会衰弱，所以要换用比原先大一圈儿的花盆，

或者是用同样大小的花盆再重新栽植。大体上2~3年就要换1次。

如果拔起植株，植株上长满密集的老根，可以用剪刀或小刀剪切。结合盆的大小进行疏根后，就可按下图所示进行栽植。

栽植后 栽植后为了使根和用土紧密接触，应立即进行浇水，一直浇到盆底流出水为止。另外，为了使地上部和地下部保持平衡，要把枝剪得稍短一点儿。

施肥 萌芽开始后，要根据枝的叶色和伸展的具体情况进行施肥（参见第58页）。

苗木的栽植（盆栽）

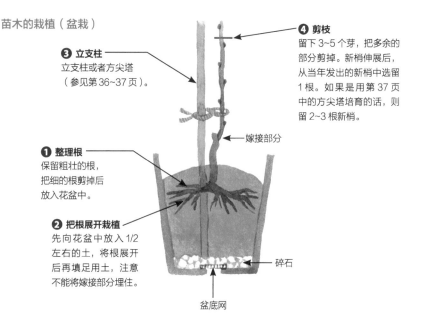

❹ 剪枝
留下3~5个芽，把多余的部分剪掉。新梢伸展后，从当年发出的新梢中选留1根。如果是用第37页中的方尖塔培育的话，则留2~3根新梢。

❸ 立支柱
立支柱或者方尖塔
（参见第36~37页）。

嫁接部分

❶ 整理根
保留粗壮的根，把细的根剪掉后放入花盆中。

❷ 把根展开栽植
先向花盆中放入1/2左右的土，将根展开后再填足用土，注意不能将嫁接部分埋住。

碎石

盆底网

向庭院内栽植

栽植场所 尽量选择日照和通风好的场所。

栽植穴的准备 提前1周挖好栽植穴，使用市售的土壤酸碱度测定仪器和试剂调节土壤的酸碱度，若酸性稍强时就提前撒用石灰进行调节。

如果是栽植较大的树，就要挖直径约1.5米、深40~50厘米的穴。一般说法是枝的扩展范围和根的扩展范围相当，所以不想培育大树时，栽植穴的直径可再小1/2也可。

栽植时应注意 栽植时要把根向四方伸展开，注意不能把嫁接部分埋住，并且不要栽得太深。另外栽植穴的土还逐渐下陷，相应地苗也跟着下沉，为了使苗不下沉得太多，填土时要高出地面一些。

栽植后立支柱，把苗绑在支柱上。为了使根和土紧密接触，要浇充足的水直到表土呈泥状。用稻草等进行覆盖以防止土壤失水干旱。

苗木的栽植（庭院栽培）

❸ 立支柱
立上适合培育形状和高度的支柱，把苗绑到支柱上。如果是新梢向上伸展的篱笆墙式培育（参见第34页）高度的话，其支柱的高度就要2米左右。

❷ 把根伸展开栽植
放苗，将根充分地伸展开，把剩余的土壤填到穴内。地表面要稍微隆起一些，但不能将嫁接部分埋住。

❶ 把土先填进穴的1/2
把挖出来的土中掺入等量的腐叶土混合后作为栽植土，先填入1/2。

❺ 剪枝
留下3~5个芽，把多余的部分剪掉。新梢伸展后，在当年的新梢中，根据培育方法留1~2根新梢。

嫁接部分

❹ 浇水后覆上稻草等覆盖物
在充分浇足水后，在植株基部覆盖稻草等覆盖物，以防止土壤失水干旱。

深40~50厘米

直径1.5米

43

4月

基本 新梢的抹芽、引缚
基本 副梢和卷须的摘除

基本 基本的农事工作
挑战 中、高级的尝试工作

4月的葡萄

4月，随着气温的升高，葡萄开始萌芽了。

对伸展的新梢，如果放任其生长的话，枝就会变得混杂拥挤。所以为了调节树势，也有利于病虫害的防治，要进行抹芽处理。

为了使开花一致，也为了方便后面的赤霉素处理（参见第54页），要尽量使新梢的生长发育提前并一致。萌芽的新梢在引缚的时候，如果用力拉伸的话易从基部折断，所以等伸展到一定长度后再进行引缚。

NP-K.Ishihara

萌发的芽。随着气温的上升，芽不断地伸展。

主要的工作

基本 新梢的抹芽、引缚

1根新梢上留6~7个叶片

萌芽的时候，不仅是主芽伸展，副芽也开始伸展了，所以要除去副芽只留主芽。如果只摘除副芽，新梢还是很拥挤，长大后遮阴影响光合作用，通风也变差，病虫害也易滋生蔓延，所以要减少新梢的数量。

另外，如果放任新梢生长，特别是从主枝和结果母枝的顶端长出的新梢非常旺盛地伸展，开花就不一致。因此要尽量地使新梢长度一致，限制其生长。

葡萄的1根新梢上有6~7片叶展开时，树体内蓄积的养分能供其生长发育，这时如果抹芽结束了的话，就可抑制养分的浪费。遇到生长势强的新梢多发的树时，就稍晚一些抹芽，让新梢伸展消耗一些养分，使树势稳定以后再进行抹芽。

在萌芽后，如果用力拉拽新梢，易使其从基部处折断，所以引缚要等到其长到50厘米左右时再进行。但太迟的

1月

2月

3月

话，新梢易被风折断，或者由卷须缠到了不希望其生长的方向。所以要及时观察树的生长，不要错过引缚的适期。

具体工作，请参见第 46 页。

基本 副梢和卷须的摘除

一直到初秋前要认真地摘除

从新梢长出的副梢（从新梢的叶腋处长出的枝）伸展后，不仅造成枝混杂拥挤。还多余地消耗贮藏的养分。另外，卷须的伸展不仅造成养分的浪费，还会缠到了与希望其生长方向相反的方向去。所以副梢和卷须要及早地摘除。具体操作请参见第 47 页。

另外，定植第 1~2 年的一字形整形培育的、第 1~4 年 H 形平行整形培育的、X 字形自然形整形培育的，在主枝还未配置好的时候，构成主枝使用的副梢要保留着（参见第 33 页）。

管理

🪣 盆栽

❄ **放置场所：放在明亮、通风良好的场所**

🔹 **浇水：盆土表面干燥时要浇水**

浇充足的水，一直浇到水从盆底流出来为止。

▪ **肥料：不需要**

🏠 庭院栽培

🔹 **浇水：不需要**

▪ **肥料：不需要**

🪣🏠 病虫害的防治

害虫一旦发现，就及时捕杀。

随着芽的萌发，取食叶的毛虫、蛾、蝶类的幼虫，以及在新芽和新叶上吸取汁液的蚜虫类等害虫就开始活动了（参见第 82 页）。因为杂草会成为病原菌和害虫的温床，所以要及时除草。

4月

5月

6月

7月

8月

9月

10月

11月

12月

抹芽

第 1 次抹芽（摘副芽）

同一位置的芽如果有 2 个以上的芽萌发的话，只留下那个最大的芽，其余的全部摘除。

摘除的芽

保留的芽

第 2 次抹芽（减少新梢的数量）

葡萄芽在枝上是左右交互地着生着，所以长梢修剪时，不要使枝偏向一侧，应按下图那样跳过 2 个芽后再留下新梢，这之间的新梢从基部剪除（一侧的间隔为 20~30 厘米）。短梢修剪时，使一侧的间隔为 20~30 厘米，拥挤的话就将新梢从基部剪掉。

长梢修剪的第 2 次抹芽

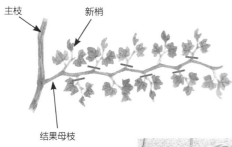

主枝

新梢

结果母枝

新梢的引缚

　　抹芽后，新梢伸展至合适的长度，就引缚到棚架、支柱或铁丝上。

长梢修剪的引缚（从上方看）

除顶端以外的新梢，把枝和叶引缚在不重叠的位置。

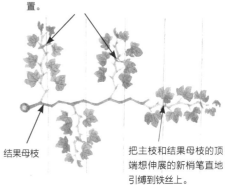

结果母枝

把主枝和结果母枝的顶端想伸展的新梢笔直地引缚到铁丝上。

用塑料绳引缚

宽松地系住

引缚枝的材料不能勒入成长的新梢中，应宽松地系住。

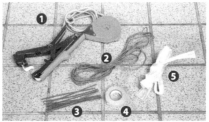

各种各样的引缚材料

❶ 引缚夹
　（引缚专用的工具）
❷ 麻绳
❸ 塑料绳
❹ 引缚用的胶带
❺ 捆包用的绳

引缚时不断枝的技巧——"扭枝"

引缚的时候，如果过度用力去改变新梢方向，还没有木质化的绿色的新梢从茶色木质化的结果母枝的交接处断折的情况时有发生。

这种情况下，先用一只手紧紧地捏住新梢的基部并且固定住，再用另一只手扭动新梢，会出现纤维断裂的"扑哧"声，出现声音后引缚就容易了。即使是相对于结果母枝垂直的方向拉伸，新梢从基部也不会折断，但不适合木质化的粗枝。

扭动以切断新梢的纤维
一只手捏住枝，用另一只手扭动。

纤维断了的新梢
扭动后，从枝的表面上可看到条纹变弯曲了。

副梢和卷须的摘除

基本

适期: 4~9 月

副梢的摘除

把着生在副梢上的叶留下 1~2 片，其余的摘除。处理后的副梢上再次发出腋芽（二次副梢），腋芽再伸展的话就成为二次副梢。二次副梢上留下 1~2 片叶，再进行摘心，这样反复进行。

副梢上留 1~2 片叶，其余的剪掉。

卷须的摘除

①从基部切除　②切除后的梢

May

5 月

本月的主要工作

基本 新梢的抹芽、引缚

基本 副梢和卷须的摘除

基本 新梢的摘心　　基本 疏花穗

基本 花穗整形

挑战 赤霉素处理　挑战 遮雨

---

5 月的葡萄

5 月，多数葡萄品种都开花了，要继续进行新梢的引缚。通过引缚到棚架和支柱上，可抑制新梢的伸展，还可防止由于强风引起的新梢折损。

开花前，如果是大粒品种，1 个新梢上留 1 个花穗；如果是小粒品种，1 个新梢上留 2 个花穗，其余的花穗摘除。为了抑制落花落果，确保坐果数，要进行新梢的摘心。

NP-M.Fukuda

开花期的花穗。葡萄的花上没有花瓣。雄蕊一展开就是开花。

主要的工作

基本 新梢的抹芽、引缚

同 4 月（参见第 46 页）。

基本 副梢和卷须的摘除

同 4 月（参见第 47 页）。

基本 新梢的摘心

在开花 1 周前进行第 1 次摘心

伸展旺盛的新梢，若在开花期有伸展旺盛的苗头，应从蕾的形成到开花 1 周前，在花穗前留下 5~6 片叶，其余的用剪刀剪掉。

摘心后新梢的伸展一度停止，应该用于伸展枝的养分转向花的生长，从而可以抑制落花落果（参见第 88 页）。

花穗

新梢的摘心

有遮雨设施的葡萄农场
塑料薄膜只遮盖了上部。

基本 摘花穗

在开花前进行

摘花穗，就是减少花穗数量的操作。

在生长发育好的新梢上多数能形成3个以上的花穗，如果保留所有的花穗，对以后果实的膨大和果皮的着色都会有很大的影响。

为了用于开花的养分集中流向保留的花穗上，在开花前就要完成摘花穗。具体操作请参见第52页。

基本 花穗整形

从开花前到开花初期

如果将花穗的花全部保留，就会形成大果穗，养分分散到各个小果粒中，从而影响了果粒的膨大，也会损坏果穗的形状。为此，要进行花穗整形，预先减少花穗数。具体操作请参见第52页。

挑战 赤霉素处理

培育无籽果粒

赤霉素是植物激素的一种，用其处理后可获得无籽果粒，同时也能促进果粒的膨大。用赤霉素处理的果实，比未处理的果实提早成熟2周左右。

根据品种不同，处理的时期及处理液的浓度也会不同，所以必须认真阅读赤霉素药剂的说明书后再使用。具体操作请参见第54页。

挑战 遮雨

为了防治病虫害而进行的

大多数葡萄病害，是通过雨水飞溅传播，所以只是通过遮雨这一项措施就能很好地预防较多的病害。从开花前到采收期，用木棍做好框架再罩上透明的塑料薄膜，能保持着较低的湿度，也能长时间地抑制病害的发生。

可是，像白粉病这样在低湿度条件下发生并蔓延的病害，要想完全预防就很困难。另外如果采用遮雨栽培，葡萄斑叶蝉这种害虫就容易蔓延为害，所以要定期地进行防治（参见第59、87页）。

盆栽的话，如果在开花期间，以及从果粒软化期到采收期，将盆钵放在室外雨淋不着的地方，对预防病害会有很好的效果。

本月的管理

- ❄ 放在户外明亮、通风良好的场所
- 💧 盆栽、盆土表面干燥时浇水
  庭院栽培：如果遇连续晴天时要浇水
- ▪ 基本上不需要施肥
- 🐛 病虫害开始发生

管理

🪣 盆栽

❄ **放置场所：放在明亮、通风良好的场所**

💧 **浇水：盆土表面干燥时要浇水**

浇充足的水，一直浇到水从盆底流出来为止。

▪ **肥料：生长发育不好时要追肥**

一般不需要，但是新梢生长不好的情况下要施速效性复合肥（参见第58页）。

🌱 庭院栽培

💧 **浇水：用稻草、地膜等覆盖防止土壤失水干旱**

新梢生长时期，如果水分不足，就会对以后的生长发育有很大的影响。原则上，土壤中有水分就不需要浇水，如果遇连续晴天就要浇水。

在植株基部铺上稻草等覆盖物的话，可以减轻土壤的干旱程度，还可增加土壤中的有机质，对调节土壤也有很好的效果。

▪ **肥料：生长发育不好的情况下追肥**

同盆栽（施肥方法参见第75页）。

🪣🌱 病虫害的防治

白粉病、黑痘病、霜霉病、害虫等

把发病的叶、花、幼果等迅速地摘除带出院外彻底处理（参见第59、82页）。

大多数葡萄病害是通过飞溅的雨滴、水滴携带的病原菌传播而发病。因此，浇水时不要浇到叶和花上，要浇到植株基部，盆栽葡萄放到雨淋不着的地方也可减轻病害。但是，白粉病在湿度低时易发生，在雨淋不着的地方要早发现、早治疗，不能让其蔓延开来。

害虫一旦发现要立即捕杀。因为杂草是病原菌和害虫的温床，所以要及时除草，把植株基部清理得干干净净。

为防止土壤干旱可铺上稻草
在离植株1米的范围内，将稻草厚厚地铺成四方形。

果穗的成长

● 从开花到果粒膨大期

　　1穗花内的各个花不是同时开的，从花穗的中部先开，再依次向上下开。花开满后2~3周进行细胞分裂，其后，细胞数就不再增加了，只是细胞体积增大，使果粒进入膨大期。

● 果粒软化期

　　果粒成熟的过程不是直线式进行的，在果粒软化期会暂时停滞。在这个时期发生种的硬化，如果是着色系品种还发生果皮的着色。因此，果粒软化期也叫充水期、硬核期。

　　果粒的成长一时停滞的期间和时期，因品种不同而异。从着色开始之后大约1个月就能采收了。

● 采收适期

　　果实中含的糖分，在幼果期时几乎不增加，快到成熟期时迅速增加。因此，在采收适期之前即使是仅早采收几天，其甜度也不一样。

从开满大约2周之后
由于细胞分裂，果粒的细胞数增加，花开始鼓起来（图中所示为特拉华）。

果粒膨大期
从花开满后大约1个月，果粒继续膨大，但还很硬（图中所示为特拉华）。

果粒软化期
左：着色系品种就开始着色了（图中所示为小型甲斐路）。

右：触摸果粒时有弹力（图中所示为阳光麝香葡萄）。

采收适期
果粒全部着色（图中所示为特拉华）。

51

基本 疏花

适期: 5 月（开花前）

1 根新梢上保留 1~2 个花穗

像巨峰这样的大粒品种，1 根新梢上留 1 个花穗；像特拉华这样的小粒品种，1 根新梢上保留 2 个花穗，其余的都疏掉。

盆栽时，根的伸展受空间限制，树体内的养分有限，因此，不论什么品种都是 1 根新梢上留 1 个花穗。

新梢靠近基部的花穗大一些，因此疏花时就从顶端开始疏除。

有 4 个花穗的新梢
从枝的顶端开始疏除。

疏花结束
图中留下了最大的 1 个花穗。

基本 花穗整形（把花穗弄得短一点儿）

适期: 5 月（开花前～开花初期）

开花是从花穗中部开始

1 个花穗内的花并不是同时开，从中部先开，依次向上下开放。花穗的顶端是即将结束时才开放，最后开放的是花穗肩部的花。

因此，进行花穗整形时把中部的小花穗留下，果实会提早成熟。相反，把

先把副穗剪掉

剪掉副穗
有 2 个以上的花穗时，留下大的花穗，把小的花穗（副穗）剪掉。

剪除结束
箭头指示剪掉的地方。

花穗顶端的小花穗留下，成熟时间就会稍向后延迟。

剪掉小花穗的位置

像巨峰这样的大粒品种，成熟时的果穗重在 500 克以上的大果穗，会出现果皮着色不良和糖度低等品质下降的问题。因此，从开花初期，就将花穗肩部的花剪掉，使花穗缩短至 3.5 厘米左右。像特拉华这样的小粒品种，剪掉肩部花穗也可以。

用赤霉素处理前，先把肩部的小花穗剪掉，进行整形，使花穗正好放入盛有药品的容器中。蕾挤满的顶端部分，在成长的过程中由于赤霉素的作用，其轴还能伸展。

未用赤霉素处理的情况

剪掉了顶端

蕾挤满的顶端部分被剪掉（箭头所指处）。特拉华等小粒品种可不剪掉。

剪除肩部的小花穗

图中表示剪掉了 2 段小花穗的地方。像巨峰这样的大粒品种，剪除 4 段左右；像特拉华这样的小粒品种，剪除 2 段左右。

用赤霉素处理的情况

剪掉肩部的小花穗

剪掉肩部的小花穗，使整个花穗正好放入盛有赤霉素处理液的烧杯中。

剪除结束

图中显示剪掉了 4 段小花穗后的花穗（箭头所示的部分）。

在花穗整形后进行。 有1次处理和2次处理的品种，请按照药剂的说明书使用。

处理时期和次数

根据品种的不同，有从花开满2周前和开满2周后进行2次处理的品种，也有从花开到开满3天后（或者7天后）这间只进行1次处理的品种。不管怎样，比处理的适期过早或者过晚，都会造成有籽，效果就不好了。因此，要仔细观察花穗的状态找准处理的时期。

近年来，有个别的只用赤霉素处理，其效果并不好，所以在花开满时处理1次，用赤霉素、链霉素和一种细胞分裂素的混合液来处理成了主流。不过，还是在开满后再用赤霉素处理1次的，其果粒膨大得更多。

在买赤霉素的时候，不同葡萄品种的使用时期和次数，要严格按照药剂的使用说明书去使用。

处理液的浓度

把赤霉素药剂按照说明书上所定的浓度，溶解在水中搅拌均匀就制成了处理液。像特拉华这样的品种，应用100毫克/千克，大多数品种用量比特拉华的低。

确认好处理的时期

太早了
蕾还聚集在一起的花穗，此时处理会太早。

开满2周前的花穗
如果是采用2次处理的，这时是第1次处理的时期。此时蕾稍分散开，稍微有一些间隙。

开满前的花穗
图中花穗中部上下的花都开了，是巨峰和先锋等进行1次处理的时期。

开满后大约2周
如果是需要2次处理的情况下，这是第2次处理的时期。此时果粒像火柴头部分大小。

需准备的东西

❶ 容器（小的容器供特拉华第 1 次用，大的容器供特拉华第 2 次用，也可供巨峰第 1 次用）。
❷ 赤霉素药剂。
❸ 确认用的色粉（一种食物添加剂，在买的药剂中附带着）。

浸入赤霉素药液中

把处理液倒入容器，将花穗全部浸入液体中立即提出来。

确认花穗在处理液中浸蘸的情况

如果有未浸到处理液的部分，这部分果粒就会有籽，其成熟期也会推迟。

自制的赤霉素容器
采用的是割去底部的塑料瓶（左）。

专栏

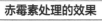

赤霉素处理的效果

　　赤霉素是本来在自然界中存在的植物激素，在植物体内有促进生长的功能。用赤霉素处理能使果粒变得无籽，还可促进果粒的膨大，与未用赤霉素处理的果穗相比，两者有很大的差别。

用赤霉素处理的果穗（左）
未用赤霉素处理的果穗（右）
品种是甲斐美岭。

本月的主要工作

- 基本 疏粒
- 挑战 赤霉素处理
- 基本 套袋、遮伞
- 基本 新梢的摘心、引缚
- 基本 副梢和卷须的摘除
- 挑战 遮雨　挑战 压条

6月的葡萄

花开满后经过 2~3 周就进入果粒膨大期。

大粒品种就可以开始疏粒了。疏粒可促使果粒的膨大，到果粒软化期初期可分几次进行。疏粒结束后，为了预防病虫害要进行套袋。

果粒膨大期要注意不能使土壤太干旱。庭院栽培的，土壤干旱时就进行浇水。

NP-H.Imai

又青又硬的果粒，每天都在膨大，有葡萄的样子了，但离采收期还稍远。

主要的工作

基本 疏粒

从花开满 2~3 周后开始，到果粒软化期初期，可分几次进行。

花开满 2~3 周后，果粒长到了大豆粒那样大小，其好坏在一定程度上能分辨出来。因此，大粒品种就可以开始疏粒了。

疏粒，在果粒膨大一度停滞的果粒软化期初期（果粒变柔软的时期，参见第 51 页），可分几次进行。特别是成熟时的果粒重超过 10 克的着色系大粒品种，如果果穗太大，容易造成果皮的着色不良，所以成熟时 1 穗果控制在 500 克左右时，就要进行疏粒。像特拉华等小粒品种，即使不疏粒也没问题。

从花开满 2~3 周后到果粒软化期，果粒的膨大速度非常迅速，所以如果错过了疏粒适期，剪刀就插不到果穗内部，工作效率就降低了。具体操作参见第 60 页。

挑战 赤霉素处理

同 5 月（参见第 54 页）。

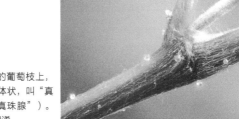

真珠玉（真珠腺）
在生长旺盛时期的葡萄枝上，分泌液呈圆形固体状，叫"真珠玉"（或者"真珠腺"）。容易和害虫的卵混淆。

基本 套袋、遮伞

可防止病虫害、鸟害、雨淋、日灼等危害

疏粒结束后到果粒软化期前，这一阶段可进行套袋和遮伞。套袋可以防止果穗被病虫为害，也能防止鸟啄、雨淋、日灼等，还可防止喷洒药剂时药液附着到果实上。具体操作请参见第 62 页。

基本 新梢的摘心、引缚

整理混杂拥挤的新梢

若新梢伸展后混杂拥挤，不仅容易发生病虫害，还严重影响果粒的膨大。树冠内部阴暗时，就要摘除部分新梢，并对新梢顶端进行摘心，以增加光照和通风。

另外，要重新进行引缚，把枝配置平衡。具体操作请参见第 64 页。

基本 副梢和卷须的摘除

同 4 月（参见第 47 页）。如右边的图片所示，副梢比 4 月时又伸长了。

挑战 遮雨

同 5 月（参见第 49 页）。

挑战 压条

繁殖苗的简单方法

压条，就是把枝的一段进行环状剥皮（参见第 90 页）后埋入土中，使其从附近处发出新根的繁殖方法，从而得到大的苗木。葡萄因为容易发根，即使不进行环状剥皮，把想发根的部分保持湿的状态也能发根。新梢生长坚硬到一定程度后就可进行压条。具体操作请参见第 65 页。

新梢的叶
副梢上留下的叶
副梢
新梢

摘除副梢
副梢上保留1~2 片叶，其余的剪掉。

本月的管理

❄ 放在户外明亮、通风良好的场所

💧 盆栽：盆土表面干燥时浇水
庭院栽培：遇连续晴天时要浇水

✂ 如果生长发育变差，就要追肥

🐛 对病虫害要早发现、早治疗，要及时除草

管理

🪣 盆栽

❄ **放置场所：放在明亮、通风良好的场所**

如果担心在连续阴雨天易发生病害，就将其放到屋檐下，雨淋不着的地方。

💧 **浇水：盆土表面干燥时，就要浇水**

浇充足的水，一直浇到水从盆底流出来为止。

✂ **肥料：根据生长发育情况进行追肥**

新梢伸展不开，叶色变浅时，在6~9月分几次追施速效性复合肥（含氮10%、磷10%、钾10%）。

🔺 庭院栽培

💧 **浇水：遇连续晴天就要浇水**

同5月（参见第50页）。果粒进入膨大期后，如果水分不足，果皮就难以伸展，以后就很容易造成裂果。

✂ **肥料：根据生长发育情况进行追肥**

新梢伸展不开，叶色变浅时，要追施速效性复合肥。施肥方法可参见第75页。

🪣🔺 病虫害的防治

白粉病、黑痘病、霜霉病、害虫等

同5月（参见第50页）。

盆栽时的施肥
在盆土表面均匀地撒施适量的肥料。撒施的量要严格按照说明书使用。

庭院栽培时的浇水
只是土壤表面湿润还不够，要浇到表面有积水存在。浇水时用手指按住软管的口，使水流扩展开。从覆盖物的上方浇水也可。

葡萄主要的病虫害

一旦发现病害的症状和害虫就要立即采取措施进行防治。详细的症状和防治方法见第 82~87 页。

病害

霜霉病 叶正面有病斑，叶背面有霉层

叶正面的病斑　叶背面的霉层

R.Mochioka　R.Mochioka

白粉病 有白粉状的霉层发生

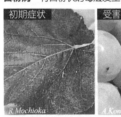

初期症状　受害果实

R.Mochioka　A.Kono

黑痘病 有黑斑发生

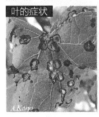

叶的症状　果实的症状

A.Kono　A.Kono

葡萄炭疽病
有浅褐色模糊的病斑发生

果实的症状

A.Kono

灰霉病
出现灰色的霉层

果实的症状

K.Suzaki

害虫

透翅蛾类 幼虫在枝干内部取食为害

透翅蛾的幼虫　内部有葡萄透翅蛾幼虫的枝

R.Mochioka

T.Arai

蝙蝠蛾
幼虫在枝干内部取食为害

幼虫巢的入口

虎天牛
在枝干内部取食为害

葡萄虎天牛的成虫

T.Arai

金龟甲类 成虫取食叶片

铜绿丽金龟的成虫　受害叶片

葡萄斑叶蝉
幼虫在叶背面吸取汁液

受害叶片

T.Arai

粉介类
成虫和幼虫吸取汁液

受害果实

T.Arai

　　果穗内侧的果粒,在膨大的过程中,与周围的果粒互相挤压造成裂果。所以要疏粒,使内部有一定的空隙。摘除那些小的果粒、形状不好的果粒及病虫果,留下大的果粒。要注意不要用剪刀伤到留下的果实。疏粒完成的目标是果轴出现了弯曲。

第 1 次疏粒

疏粒前

疏粒后

❶ 疏粒前的果穗
果粒互相拥挤在一起,整个果穗很坚硬。

❻ 疏粒后的果穗
果穗内部有了空隙,果轴也能弯曲了。

❷ 剪除没有果粒的部分

❸ 疏掉外侧的果粒
摘除小的果粒、形状不好的果粒及病虫果。

❹ 疏掉内部的果粒
伸进剪刀,把小的果粒剪掉,使内部有一定的空隙。

❺ 确认一下果轴能弯曲
如果果轴能弯曲,就表示疏粒完成。

第 2 次疏粒

疏粒前

疏粒后

❷ **疏掉外侧的果粒**
摘除小的果粒和形状不好的果粒等，使剪刀能插入内部。

❶ **疏粒前的果穗**
果粒膨大，果穗又变得硬邦邦的了。

❸ **使果穗内部有一定的空隙**
减少果粒，使果粒之间有一定的空隙。如果 3 粒并摆着，就要疏掉 1 果粒。

❹ **疏粒后的果穗**

专栏

小粒品种疏粒的效果

像特拉华这样的小粒品种，原则上不需要疏粒。如果采用疏粒减少果粒数量，留下的果粒养分增加了，果粒也就增大了。

疏粒 1 次的果穗（左）　没有疏粒的果穗（右）
左边是花开满 3 周后疏粒 1 次的果穗。品种是碧香无核。

61

适期: 6~7 月
（疏粒结束后 ~ 果粒软化期前）

套袋

套袋时，一般纸袋用得最多，可分为把整个果实包起来的有底纸袋和无底纸袋。

为防止雨水和害虫的侵入，纸袋口要用铁丝等扎严实，确保没有缝隙。

① 把果穗装入袋中
在着色开始前
套袋。

②

把纸袋口的
一侧折叠并
卷起来

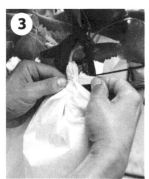

**③ 把另一侧也折
叠卷起，然后
用铁丝缠紧**

将纸袋口紧紧
地缠到果梗上，
不要留下缝隙。

④

套袋结束

各种各样的果实袋
左：无底的果实袋
套袋的方法和有底的相同。
右：透明并且有小孔的袋
为防止日灼还采用了遮伞。

遮伞

有遮雨和防止日灼的效果。因为它不能防止害虫和鸟的为害，所以适于虫害不严重、设有防鸟网的环境。

从遮伞的断开处穿过果梗

罩上伞

用订书机订住
把遮伞重叠的部分用订书机订两针。

遮伞结束

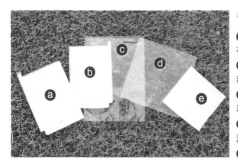

各种各样的遮伞材料

ⓐ 有底的袋（有防鸟、防虫、遮雨、防日灼的效果。有时充满热量使果实处于高温中）。

ⓑ 无底的袋（有遮雨、防日灼的效果，但不能防虫和鸟。不会使果实处于高温中）。

ⓒ 有小孔的透明袋（有透气性，果穗的生长发育一看就清楚，没有防日灼的效果）。

ⓓ 塑料薄膜遮伞（经历风吹日晒也不易损坏，但是没有防日灼的效果）。

ⓔ 纸伞（为了防水而涂上蜡，有防日灼的效果）。

63

（基本）新梢的摘心、引缚

在枝变得混杂拥挤前认真地进行

适期: 5~8月

疏枝

减少新梢的数量，增强树冠内部的日照和通风。

从同一地方发出的枝只留下1根

把长势太旺的枝和没有果穗的枝疏掉。在生长发育一样的情况下，把离基部远的那根新梢疏掉。

疏枝结束

新梢的引缚

对伸展的梢进行引缚。如果又出现混杂拥挤，需再次进行引缚，把枝配置均衡。

引缚时对新梢不要用力过大地使其弯曲

用引缚胶带或细绳等把新梢绑到支柱或铁丝上。

已引缚好的新梢

引缚后新梢的摘心　为了确保通风且方便下一步的操作。

把新梢整齐地剪成1米长左右

把伸展过长的新梢剪短，使其长短整齐一致。

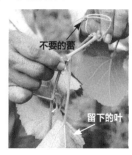

不要的蕾

留下的叶

摘心时可用手直接折断

为了防止养分的浪费，把不要的蕾除去。

挑战 压条

适期: 6~9月

下面介绍一下简单压条法和空中压条法。因为细的新梢和柔软的新梢容易干枯，所以压条要用比铅笔粗的新梢。

需要发根的新梢，不从植株上切断，直接在副梢出来的节处发根再长成苗。1~2 个月后如果确认已经发根了，就切断新梢，用副梢作苗，把它栽到花盆或其他的盆罐中进行培育。

副梢

副梢

新梢（不从植株上切断而直接用于发根）　压条时，使这个地方发根

压条法

在地面挖出 5 厘米左右深的窝

把需要发根的部分埋入地下

要埋到新梢不露出的程度，然后浇充足的水。在埋入的部分上面压上石头等，发根还会快一些。后期如果土变干的话就浇充足的水。

空中压条法

将新梢穿过塑料袋

在塑料袋的斜下方开个口，将枝穿过去再把塑料袋口的一侧捆住。

把新梢弄湿并且吊起来

在塑料袋中，装入弄湿的石棉或水苔藓并且把新梢包住，再把塑料袋的另一侧捆好并且吊起来。向塑料袋内及时加水，不要让袋中的填充物变干。

7 月

基本 基本的农事工作
挑战 中、高级的尝试工作

本月的主要工作

基本 疏粒　基本 套袋、遮伞

挑战 树上选果　基本 采收

基本 新梢的摘心、引缚

基本 副梢和卷须的摘除

挑战 防鸟对策

挑战 遮雨　挑战 压条

7月的葡萄

此时，新梢的伸展逐渐停止了。理想的状态是 80% 左右的新梢停止伸长。

如果此时新梢还是旺盛地伸展，果穗被叶片遮阴，不仅是果皮的着色不好，还妨碍葡萄的成熟，因此要对新梢和副梢进行整理，再次进行引缚。但是，进入果粒软化期以后过多地剪除新梢，也会造成着色不良等情况。

7月，迎来了早熟品种的采收时期。

终于到了早熟品种开始采收的季节，图中所示为完熟的金特拉。

主要的工作

基本 疏粒

如果果粒很密集就进行疏粒

果粒很拥挤，果穗又变得坚硬，直到果穗软化期初期，都要进行疏粒，疏到果穗轴能够弯曲为止。具体操作可参见第 60 页。

基本 套袋、遮伞

同 6 月（参见第 62 页）。

挑战 树上选果

把品质不好的果穗摘除

确认果粒的膨大情况和果皮的着色状况，把那些即使成熟了看上去也不甜的果穗干脆摘除。详细内容请参见第 69 页。

挑战 采收

看果皮的着色情况就可判断是否完熟

如果是早熟品种，会迎来采收期。果粒和小果梗（参见第 9、73 页）的基部都着色的果穗就可以采收了。

因为树上的果实直到果梗萎蔫前还继续膨大成熟，所以要避免过早地采收，以确保品尝到完熟的果实。具体操作请参见第 73 页。

闪烁的光线透过葡萄树冠
树叶繁茂生长，树冠内就会变黑暗，因此要提前整枝，使阳光能透过树冠闪烁地照射到果穗和地面上。右图所示的是夏黑品种。

NP-N.Kana.com

基本 新梢的摘心、引缚

果粒软化期以后不能一次过多地摘除新梢

　　新梢伸展时，留下1~2片叶后摘心（参见第48、64页）。但是进入果粒软化期之后，如果一次过多地摘除新梢，会出现果实着色不良等问题，所以要注意。引缚也要重新考虑，把混杂拥挤的枝，重新引缚到有空隙的地方。

基本 副梢和卷须的摘除

　　同4月、6月（参见第47、57页）。

挑战 防鸟对策

防鸟保护果实

　　果粒开始软化和着色后，容易发生被鸟为害的情况，所以要套袋和罩上防鸟网。如果只是套袋，有时还会出现乌鸦等鸟啄破袋子而吃果实的情况，此时可利用氰氨化钙防鸟。

挑战 遮雨

　　同5月（参见第49页）。

挑战 压条

　　同6月（参见第65页）。

挑战 防鸟对策

适期：7月至采收结束

　　把氰氨化钙装入网兜内吊到树上，其散发出的气味会使鸟不能接近。如果气味散发完了，对鸟的驱避效果也就没有了，所以要定期进行更换。

用氰氨化钙驱鸟
把氰氨化钙装入网兜或长筒袜中，不要被雨淋着，将其吊在果穗的周围。

氰氨化钙
有除草、杀菌作用，也可作为肥料。如果用量少，可作为追肥来利用。

67

本月的管理

❄ 放到户外明亮、通风良好的场所

💧 盆栽：盆土表面干燥时浇水
　庭院栽培：遇连续晴天时浇水

🎲 生长发育变差了的话就要追肥

🐛 对病虫害要做到早发现、早治疗，及时除草

管理

🪴 盆栽

❄ 放置场所：**放到明亮、通风良好的场所**

　　如果担心连续阴雨天易发生病害，就把其放到屋檐等下面，雨淋不着的地方。

　　如果担心强光照射导致日灼，可为其罩上珠罗纱等用以避热的材料，或者将其挪到明亮的阴凉处。

💧 浇水：**梅雨季节过后几乎每天都要浇水**

　　盆土的表面干了，就要浇充足的水，一直浇到水从盆底流出来为止，特别是放在日照好的地方的盆栽葡萄。但在气温很高的中午浇水，有可能造成盆内被蒸的危险，所以要避免。

🎲 肥料：**要根据生长发育情况进行追肥**

　　同6月（参见第58页）。

🔺 庭院栽培

💧 浇水：**如果遇连续晴天就要浇水**

　　出现连续晴天时，就在早晨、傍晚凉爽的时间段浇水。如果水分不足的话，果皮就难以伸展。以后如果土壤水分增加，果肉会急剧膨大，而果皮的生长跟不上，就会造成裂果。若使土壤水分保持稳定以防止裂果，采用稻草等覆盖根部是很有效果的（参见第50页）。

🎲 肥料：**根据生长发育情况进行追肥**

　　葡萄生长发育情况的辨别可参见第58页。具体施肥的方法请参见第75页。

🪴🔺 病虫害的防治

天牛类、金龟甲类、毛毛虫、蛾、蝶等害虫

　　对发病的叶和果实要迅速摘除，一旦发现害虫，立即捕杀（参见第59、82页）。在病害防治方面，使其不被雨淋着就非常有效果。

　　取食枝叶的金龟甲类（铜绿丽金龟、日本丽金龟等）、天牛类的幼虫近年来有所增加。针对土壤中大量发生的金龟甲类的幼虫，只有喷施、撒施药剂才会有好的效果。

挑战 树上选果

适期: 7~8 月

摘除品质不好的果穗

树上选果，就是把品质不好的果穗和果粒除去，使养分向留下的果粒中流转，同时也有抑制病害蔓延的效果。

着色系的品种，若果穗着色不好，糖度也会变低，味道也不正，所以就干脆摘除。高品质的果穗，是有零星的果粒已开始着色并且很浓。关于葡萄生长发育过程中的常见问题请参见第88页。

正常着色

正常着色中的巨峰类品种（着色开始期）

着色障碍

着色不良的巨峰
要想培育出味道好的果实，最好把这样的果穗摘除。

除去着色不良的果穗
图中的果穗还有缺粒的情况。

常见问题

坚硬绿色的小粒
本来应该脱落而留下的果粒。已膨大的、着色好的果粒可以食用。

日灼
把日灼部分除去就可以食用。

裂果
没有着生霉菌、没有腐烂的裂果也可以食用。

1月
2月
3月
4月
5月
6月

7月

8月
9月
10月
11月
12月

69

8 月

基本 基本的农事工作
挑战 中、高级的尝试工作

本月的主要工作

基本 采收 挑战 树上选果
基本 新梢的摘心、引缚
基本 副梢和卷须的摘除
挑战 防鸟对策
挑战 遮雨
挑战 压条

---

8 月的葡萄

　　此时果实成熟，迎来采收期的品种逐渐多起来。

　　果粒留得太多，就会造成着色不良和糖度降低。另外，着色系的品种，如果整个果穗的多数着色不好，最终很容易着色不良，因此要尽早摘除。因为果实也能进行光合作用，所以要把遮挡果穗的叶子摘除。有的品种的果穗没有接受充足的阳光，也会着色不良。

白色系品种的果粒如果呈现黄色了，就可采收。图中是多摩丰品种。

主要的工作

基本 采收

根据果皮的色泽判断是否成熟

　　有更多的葡萄品种在 8 月迎来采收期。和小果梗的基部接触的果粒，其果皮若已着色，就表明可以采收了。

　　一直到果梗萎蔫之前，葡萄在树上还能继续膨大成熟，所以不要过早地采收，以确保品尝到完熟味美的果实。具体操作请参见第 73 页。

挑战 树上选果
　　同 7 月（参见第 69 页）。

基本 新梢的摘心、引缚
　　同 6 月、7 月（参见第 64、67 页）。

基本 副梢和卷须的摘除
　　同 4 月、6 月（参见第 47、57 页）。

挑战 防鸟对策
　　同 7 月（参见第 67 页）。

挑战 遮雨
　　同 5 月（参见第 49 页）

挑战 压条
　　同 6 月（参见第 65 页）。

图中所示为采收的葡萄。左边的白色系品种是碧香无核，和它挨着的是黑色系品种黑奥林匹亚、红色系品种金特拉。

专栏

防止日灼和高温

在盛夏日和酷暑日，或者日照强的天气持续多日时，阳光照射到叶和果穗的表面使之温度升高，就会造成日灼。另外，如果夜间高温（当日最低气温为25℃以上的夜晚）持续出现，就会造成着色不良和糖度的降低。

庭院栽培的葡萄，要想防止日灼和中午的高温，可在树的上方罩上珠罗纱，因为遮光率太高会引起糖度降低，所以要用遮光率40%以下的珠罗纱。另外，如果持续出现夜间高温，可在傍晚向叶面喷水至充分湿润，也能降低温度。

盆栽时，把花盆挪到阴凉的地方，或者罩上珠罗纱以遮挡日晒。

如果采用日光温室栽培，为了防止日灼且便于温度管理，可在棚顶悬挂遮阳网。

71

本月的管理

☀ 放到户外明亮、通风良好的场所

💧 盆栽：盆土表面干燥时浇水
庭院栽培：遇连续晴天，以及采收结束时，
都要浇水

🌱 盆栽的要追肥，庭院栽培的要施底肥

🐛 对病虫害要早发现、早治疗，及时除草

管理

🪴 盆栽

☀ **放置场所：放到明亮且通风良好的场所**

如果担心连续阴雨天易发生病害，就把花盆挪到屋檐下等雨淋不着的地方。

直射日光强时，为避免发生日灼，就为其罩上珠罗纱等，或者将其挪到阴凉的地方。

💧 **浇水：每天都要浇水**

同7月（参见第68页）。

🌱 **肥料：根据生长发育情况进行追肥**

同6月（参见第58页）。

🌱 庭院栽培

💧 **浇水：采收结束后浇充足的水**

为了防止早期落叶，在采收结束后马上浇充足的水。以后要根据土壤的干湿程度适时浇水。如果出现干旱，就要在早晨或傍晚凉爽的时间段浇水。

在树基部周围铺上稻草或割的杂草，会提高土壤的保水性。铺上稻草等也会增加土壤中的有机质含量，有改良土壤的效果（参见第50页）。

🌱 **肥料：采收结束后给树施底肥**

采收刚结束时，为了恢复树势，给树施1次速效性复合肥（含氮10%、磷10%、钾10%）作为底肥（参见第75页）。如果树势强壮，采收结束后新梢还在旺盛伸展，就等树势稳定的9月以后再施肥。

没结实的树也需在落叶前施1次速效性复合肥料。

🪣🌱 病虫害的防治

天牛类、金龟甲类、毛毛虫、蛾、蝶等害虫

同7月（参见第68页）。

基本 采收

适期: 7月~10月中旬

从果粒到小果梗都完全着色，
就表明可采收了

如果从果粒到小果梗的基部都着色时，就可采收了。白色系品种只凭色泽难以判断，如果果皮的绿色褪了，又带点儿黄色，就表明到采收适期了。

果皮的着色程度会向前发展。有些

着色系品种的完熟
从果粒到小果梗的基部都已着色，果粉遍布果粒的表面。

小果梗

采收的方法
不要碰掉附着在果粒表面的果粉。用一只手捏住果梗，另一只手用剪刀将其剪下。

品种再晚一点采收，其果汁的糖度还能增加，因此只凭果皮的色泽来判断能否采收会有偏差。

最好在完熟前采收。即使仅差1天，其甜度也会不一样。另外，越靠近果穗底部的果粒，其糖度越低。因此，先摘取果穗尖端部分的果粒尝一尝，如果很甜，那么整个果穗的糖度就会很高。

白色系品种的完熟
果皮原有的绿色褪掉，变成了黄色。从色泽上虽然难以判断，但是果粒的表面附着着果粉，可据此辨别。

专栏

果粉的功能

果粉是蜡状的物质，附着在果粒的表面，有拒水的作用。植物病害的大部分是通过雨滴等介质进行扩展的，所以植物会形成自己的防御体系。果粉附着在新鲜的果实上，随着采收时间的推移会逐渐脱落。

9月

基本 采收

基本 副梢和卷须的摘除

挑战 防鸟对策

挑战 遮雨

挑战 早期落叶的防止　挑战 压条

基本 基本的农事工作

挑战 中、高级的尝试工作

9月的葡萄

9月，大多数葡萄品种的采收已经结束。

葡萄树在落叶期之前，为了来年的生长发育而蓄积养分。因此，采收结束后马上给树施底肥可帮助恢复树势。如果新梢继续伸展，就暂不施底肥，疏掉部分新梢，也可充实来年的结果母枝。

为了防止早期落叶，即使是庭院栽培的葡萄也要在采收结束后浇充足的水，以后再根据土壤的干湿情况浇水。

图中所示为采收的黑奥林匹亚。采收要在果实温度没有上升的早晨进行。

主要的工作

基本 采收

同8月（参见第73页）。

基本 副梢和卷须的摘除

同4月、6月（参见第47、57页）。

挑战 防鸟对策

同7月（参见第67页）。

挑战 遮雨

同5月（参见第49页）

基本 早期落叶的防止

健康葡萄树的落叶期在11月左右。如果在此之前落叶，养分的蓄积期间就短了，会导致枝的成熟不良，其原因和对策请参见第90页。

出现早期落叶的葡萄树

挑战 压条

同6月（参见第65页）。

本月的管理

- ❄ 放在户外明亮、通风良好的场所
- 🌙 盆栽：盆土表面干燥时浇水
  庭院栽培：遇连续晴天和采收结束时，都要浇水
- ⚅ 盆栽的要追肥，庭院栽培的要施底肥
- ⊙ 对病虫害要早发现、早治疗，及时除草

1月

2月

3月

4月

5月

6月

7月

8月

9月

10月

11月

12月

管理

🪣 盆栽

❄ **放置场所：放在明亮且通风良好的场所**

如果担心雨多导致病害发生，就把花盆挪到屋檐下等雨淋不着的地方。

🌙 **浇水：盆土表面干燥时浇水**

同7月（参见第68页）。

⚅ **施肥：根据生长发育情况进行追肥**

同6月（参见第58页）。

🏠 庭院栽培

🌙 **浇水：根据土壤中的水分状态，适时浇水**

同8月（参见第72页）。

⚅ **施肥：采收结束后给树施底肥**

采收刚结束时，给树施1次速效性复合肥（含氮10%、磷10%、钾10%）。没结实的树在落叶前也要施1次肥。

🪣🏠 病虫害的防治

害虫、霜霉病、白粉病等

同7月（参见第68页）。随着气温的降低，霜霉病和白粉病也容易发生，因此要适时进行防治（参见第59、82页）。

⚅ 底肥（庭院栽培）

适期：8~10月（采收刚结束）

采收刚结束时就施底肥。如果新梢还在伸展，不仅造成贮存养分的浪费，也会由于新梢的木质化延迟而导致来年的成熟不良，成为冻害、枝枯死的原因。因此这种情况下就先不要施底肥，而是对继续伸展的梢进行摘心。

撒上肥料，将其轻轻地埋入土中

撒施肥料时要按说明书上规定的量施用。撒施后和表面的土轻轻地掺混一下，最后覆土把地面整平。

专栏
新梢的成熟辨别

趋于成熟的新梢变成茶色并且木质化，其耐寒能力增强，冬天时也不会干枯。

趋于成熟的新梢

还没有趋于成熟的新梢

10月

基本 基本的农事工作

挑战 中、高级的尝试工作

本月的主要工作

基本 采收

挑战 防鸟对策

基本 改良土壤（庭院栽培）

挑战 早期落叶的防止

10月的葡萄

此时，晚熟品种的采收也结束了。葡萄树体为了确保来年的生长发育，开始蓄积养分。

为了每年都稳定地生产出高品质的果实，就有必要对土壤进行物理或化学的改善。为此，每年都要对土壤进行改良。通过改良，原先板结的土壤和排水不良的土壤的通气性、排水性和保水性能都会改善。

图中所示为在公元前就开始栽培的奥布·亚历山大麝香葡萄。

主要的工作

基本 采收

同8月（参见第73页）。

挑战 防鸟对策

同7月（参见第67页）。

基本 改良土壤（庭院栽培）

每年向土壤中施完全腐熟的堆肥

改良是为了改善、提高土壤的透气性、排水性能、保水能力、保肥能力而必须要做的工作。

向土壤中撒施完全腐熟的堆肥，每平方米施2千克左右，撒成10~20厘米厚。因为完全腐熟的堆肥中含有较多的有益微生物，这些微生物怕紫外线照射，所以撒施后最好把堆肥和土壤轻轻地掺混一下。

有氨臭味的未腐熟的堆肥，对根的生长发育会产生不良影响，还会成为白纹羽病（参见第84页）等病害的发生源。堆肥和土不掺混虽然也能使用，但是未腐熟的堆肥中含有较多的氮和钾等，有可能造成养分的过剩，甚至会使树势增强，果实品质下降等。

挑战 早期落叶的防止

同9月（参见第74页）。

本月的管理

- ❄ 放在户外明亮、通风良好的场所
- 💧 盆栽：盆土表面干燥时浇水
  庭院栽培：遇连续晴天和采收结束时，都要浇水
- 🟦 盆栽的不需要施肥，庭院栽培的要施底肥
- 🐛 对病虫害要早发现、早治疗，及时除草

1月
2月
3月
4月
5月
6月
7月
8月
9月
10月
11月
12月

基本 改良土壤

适期：10~12月

在土壤表面，撒施适量的完全腐熟的堆肥

在树基部的周围，撒施完全腐熟的堆肥，每平方米施 2 千克左右，厚度为 10~20 厘米。

和土轻轻地掺混一下

虽然堆肥撒施后可以原样不动，但要使对改良土壤有益的微生物免受紫外线的照射，并且让堆肥和土壤紧密地接触，最好将其和土轻轻地掺混一下。

管理

🪴 盆栽

❄ **放置场所：** 放到明亮且通风良好的场所

💧 **浇水：** 盆土表面干燥时浇水

浇充足的水，一直浇到水从盆底流出来为止。

🟦 **施肥：** 不需要

🌱 庭院栽培

💧 **浇水：** 根据土壤的水分状态进行浇水

同 8 月（参见第 72 页）。

🟦 **施肥：** 采收结束后给树施底肥

同 9 月（参见第 75 页）。

🪴🌱 病虫害的防除

害虫、白粉病等

同 7 月（参见第 68 页）。随着气温的下降，容易发生白粉病，所以要及时防治（参见第 59、82 页）。

11_月

基本 基本的农事工作

挑战 中、高级的尝试工作

本月的主要工作

基本 改良土壤（庭院栽培）

基本 栽植、换盆（日本关东以西地区）

基本 落叶的处理

挑战 防寒（主要是寒冷地区）

---

11 月的葡萄

正常生长发育的树，11 月就开始落叶，本月应继续进行改良土壤，并且要在 11 月底之前全部完成。

在日本关东以西地区，可进行苗木的栽植和盆栽的换盆工作。在寒冷地区就要开始采取防寒措施了。

特拉华品种的红叶。

主要的工作

基本 改良土壤（庭院栽培）

同 10 月（参见第 77 页）。

基本 栽植、换盆（日本关东以西地区）

在冬天气温最低 -5℃ 以上的地区（如日本关东以西），除 3 月的春天栽植外，还可在 11 月进行栽植、换盆。秋天栽植的葡萄与来年春天栽植的相比，根和土壤的接触更加紧密，来年春天初期的生长发育也更好。具体操作请参见第 42~43 页。

基本 落叶的处理

防止来年病害和虫害的发生

在落叶中潜伏着各种各样的病原菌和害虫，成为来年病害和虫害的发生源。将其拿出院外集中处理，或是挖 30 厘米左右深的坑埋掉。

挑战 防寒（主要是寒冷地区）

对不耐寒的品种要做好防寒措施

耐寒性弱的品种，将主干和主枝用稻草或粗草席等缠起来。另外，干旱也会引起冻害，因此，日本关东地区以北要在土壤还没有冻结时每月在中午前后浇 2~3 次充足的水，并且在植株基部铺上半径 1~2 米、厚 10 厘米左右的稻草等，以防止土壤干旱。

本月的管理

- ❄ 放在户外明亮、通风良好的场所
- 💧 盆栽：盆土表面干燥时浇水
  庭院栽培：不需要浇水
- 🎲 不需要施肥
- ✂ 摘除落叶和卷须

1月

2月

3月

4月

5月

6月

7月

8月

9月

10月

11月

12月

管理

🗑 盆栽

❄ **放置场所：放在明亮且通风良好的场所**

💧 **浇水：盆土表面干燥时浇水**

浇充足的水，一直浇到水从盆底流出来为止。

🎲 **施肥：不需要**

🏠 庭院栽培

💧 **浇水：不需要**

🎲 **施肥：不需要**

🗑🏠 病虫害的防治

减少病原菌和害虫的温床

随着寒冷的到来，病虫害的发生逐渐减少，但是干枯的卷须、落叶和叶的下面，潜伏着可以越冬的病原菌和害虫。所以要对树基部周围进行打扫，保持干净，把卷须和落叶拿到院外彻底处理。

专栏

还可享受品尝果实以外的乐趣

葡萄，除了果实以外，还有各种各样的东西可供利用。像有代表性的土耳其菜系中的"多玛"，一般用葡萄叶做成，这种葡萄叶片背面没有毛，与卷心菜相似，可被用来炒菜。

另外，把葡萄叶弄干后可制成香茶。用变红的叶制成的香茶有酸味，而用还没发红的叶制成的香茶酸味就很淡。

葡萄叶中含有的多酚氧化酶等功能性成分是果实中的 2 倍以上，因此葡萄叶可作为健康食品或化妆品的原料而被开发利用。

实际上，含有葡萄叶提取物的产品也有销售。

可供利用的还有在春天修剪时从枝的切口处流出的树液。把这树液抹到皮肤上，有保持皮肤弹力和湿润的功效，它是葡萄种植户才有机会用到的天然化妆品。

※ 利用果实以外的用途时，需要采取无农药栽培措施。

12_月

基本 基本的农事工作

挑战 中、高级的尝试工作

本月的主要工作

基本 整枝、修剪

基本 改良土壤（庭院栽培）

基本 落叶的处理

挑战 防寒（主要是寒冷地区）

---

12 月的葡萄

落叶后，葡萄枝就进入休眠期，为了来年的生长发育要在此期进行修剪。进行短梢修剪时，为了防止修剪后由于寒冷引起枝的干枯，在修剪时就要把枝留得长一点儿，这也叫预备修剪。

此工作不局限于寒流强的年份，即使是在秋天新梢伸展而成熟不良（参见第 90 页）的树，因为容易遭受低温和干燥的为害，所以要在树的基部铺上稻草并浇水等，以防止干旱。特别是在日本东北地区以北，采取防寒措施是很有必要的。

修剪是为了来年收获好的果实和调节树势而必须做的重要工作。

主要的工作

基本 整枝、修剪

同 1 月（参见第 30 页）。

基本 改良土壤（庭院栽培）

同 10 月（参见第 77 页）。

基本 落叶的处理

同 11 月（参见第 78 页）。

挑战 防寒（主要是寒冷地区）

同 11 月（参见第 78 页）。

专栏

浇水、防寒

这一时期，落叶后的枝进入休眠状态，因此浇水工作很容易被忘记。但是水分仍会从枝干蒸发而使树变得干燥。

葡萄耐寒性较强，新梢如果完全成熟时，能耐 -10℃ 左右的低温。但是，如果很干燥，就容易诱发冻害。因此，在日本东北地区以北，枝容易遭遇冻害的地区，在严寒期到来之前，如果给树浇足水，遇低温时树体内贮存的淀粉能顺利地转化为糖分，从而能够防止冻害。

本月的管理

❄ 放在户外明亮、通风良好的场所

💧 盆栽：盆土表面干燥时浇水
　　庭院栽培：不需要浇水

▨ 不需要施肥

◉ 摘除落叶和卷须

管理

🥤 盆栽

❄ **放置场所：放在明亮且通风良好的场所**

💧 **浇水：盆土表面干燥时浇水**

　　浇充足的水，一直浇到水从盆底流出来为止。

▨ **施肥：不需要**

🌱 庭院栽培

💧 **浇水：不需要**

▨ **施肥：不需要**

🌱🥤 病虫害的防治

减少病原菌和害虫的温床

　　随着寒冷的到来，病虫害的发生逐渐减少，但是在干枯的卷须、落叶和叶的下面，潜伏着可以越冬的病原菌和害虫。所以要对树基部周围进行打扫，保持干净，把卷须和落叶运到庭院外彻底处理。

干枯的卷须
因为其内可能潜伏着病原菌，所以在修剪时要除掉。

········· 专栏

培育独特的新品种

　　对葡萄而言，要培育新品种是很容易的。即使不经过杂交，把有种葡萄的种子，撒到地里就能培育出新的品种。

　　例如，由巨峰葡萄的种子生长出来的苗木虽然和巨峰非常相似，但是它们不是同一个品种。由种子生长出来的葡萄，如果运气好的话，其果皮色泽和原来的品种会不一样。有的可以从黑色系品种生出白色系品种，有的可以从白色系品种生出红色系品种。

　　撒种之前，先从果粒中取出种子并用水清洗，然后播种到装有干净用土的花盆中，上面再覆土。用土的表面干燥时要浇水，在冬天也认真管理，到春天就能发芽。

　　在果树当中，葡萄从播种到结出果实的时间是比较短的（一般经历3年），有时还能培育出与其他品种不同的独特品种。

　　在来年的园艺栽培计划中，尝试着进行新品种的培育工作，不是更好吗？

主要病虫害及防治措施

病 害

白粉病

→ 参见第 59 页的照片

【发生概况】5 月 ~10 月下旬都有发生，从开花期到 7 月是该病的多发季节。夏天冷凉少雨、初秋低温干燥时多发，在遮雨栽培地发病较多。

【症状】发病初期，在叶表面出现零星的直径为 3~5 毫米的白色病斑，随着病害的发展，叶面上布满白色粉状的霉层。

【防治措施】在病状较轻、气温高时，应进行喷水以提高空气中的湿度，防止白粉病的蔓延（气温低时容易诱发霜霉病）。对发病较多的叶和果穗进行摘除，运到庭院外彻底处理。如果使用药剂，则在发病前喷药进行预防很重要（如硫黄·三唑酮悬浮剂 等）。

防治的基本原则

每天都要做

❶ 病害已发生的叶和果穗等，为了消除传染源，只要一发现就立即摘除并运到庭院外彻底处理。

❷ 葡萄大多数的病害是依靠雨水传播蔓延的，所以进行套袋、遮伞、遮雨栽培，能有效抑制其发生。

❸ 一旦发现害虫就应立即捕杀。

❹ 在树势弱的树上容易发生病虫害，所以要通过每天的工作和管理把树培育健壮，努力地做好预防并避免病害的再次发生。

如果使用药剂

❶ 对于葡萄病虫害所用药剂，要仔细核对药剂标签上或说明书中的"作物名"。只有写明"果树类""落叶果树""葡萄"的药剂才能使用。

❷ 除作物名外，要严格遵守标签或说明书上所写的内容。例如：

• "适用病虫害名称"（对其有效的病虫害）

• "稀释倍数"（喷药时稀释药剂的浓度）

• "使用次数"（在 1 年内可使用的次数）

• "使用时期"（采收 xx 天前就停止使用等）

还有其他的注意事项等，也要看明白之后再使用。病虫害发生前和发生初期，喷洒药剂是最有效的。

霜霉病

→ 参见第 59 页的照片

【发生概况】5~10 月适宜其发生，如果这期间有雨，持续低温则易多发。特别是在葡萄组织幼嫩的 5~6 月易发病。即使到了秋天新梢还继续伸展，晚秋时还会继续发病。病原菌在发病叶的组织内越冬。

【症状】在嫩叶上，越过叶脉病斑扩展，在叶的背面生有白色长毛状霉层。

【防治措施】在葡萄生长发育的初期就要特别注意观察，一旦发现该病就把发病部分摘除，运到庭院外彻底处理。要做到及时排水，因为病原菌会通过雨水传播，所以要进行遮雨。喷施药剂可用硫黄·三唑酮悬浮剂等。

黑痘病

→ 参见第 59 页的照片

【发生概况】在萌芽前借雨水传播蔓延，从 5 月上旬新梢等柔软部分先开始感染。在夏天病害减轻，如果秋天有雨，则发病会一直持续到 10 月下旬。病原菌在结果母枝和卷须等的病斑内越冬。

【症状】从叶的展开初期就在叶上出现小黑点样的病斑。一旦发病，以后多发的可能性就很大。

【防治措施】把发病的枝和叶迅速摘除，运到庭院外彻底处理。特别是卷须要彻底除去。如果是遮雨栽培，就不需要喷洒药剂。药剂可用硫黄·三唑酮悬浮剂等。

炭疽病

→ 参见第 59 页的照片

【发生概况】6~7 月的梅雨季节和成熟时期是发病的两个时期。

【症状】主要发生在果实上。在着色初期的果粒表面出现浅褐色、轮廓不明晰的斑点。

【防治措施】把发病的果实迅速摘除，运到庭院外彻底处理。病原菌借雨水等向周围传播蔓延，所以应及早进行套袋或遮伞，遮雨栽培可抑制其发生。该病一旦发生就很难控制，所以应综合考虑上年的发病情况，在发病前喷洒硫黄·三唑酮悬浮剂等药剂，以预防为主。

灰霉病

→ 参见第 59 页的照片

【发生概况】在病斑部越冬的病原菌，每年 5 月借助风飞散传播，先从组织的软弱部分侵染。

【症状】如果在开花前的果穗上发病，则最初果梗的一部分出现浅褐色腐烂，逐渐软化变为黑褐色。该病特别易侵染柔软的果穗轴的下半部分，在蕾上发病先从顶部开始变色，然后扩展到全部腐烂。

【防治措施】因为湿度高会助长发病，所以对过于繁茂的枝叶要进行适当疏除和摘心，增加通风透光能力。落花后，应尽量把附着在果实上的花冠弄掉。在发病初期喷洒胺苯吡菌酮等。

葡萄黑腐病

【发生概况】从 5 月左右借雨水传播。病原菌在被害果附近的卷须和干瘪的僵果内越冬。

【症状】从发病初期到中期，果实表面出现小斑点，不久呈现出黑色黏质的孢子堆。如果症状进一步发展，则果实会变成僵果，果梗变为褐色。

【防治措施】把发病的枝和卷须等剪掉，运到庭院外彻底处理。病原菌借雨水等向周围传播蔓延，所以要及早进行套袋和遮伞，遮雨栽培能抑制其发生。在开花结束之前可喷洒甲基托布津溶液。

褐斑病

【发生概况】5 月左右借雨水传播，8~9 月是发病的盛期。

【症状】从接近地面的叶片开始发病，逐渐向上蔓延。叶片上的病斑呈黑褐色，不明显的圆形。

【防治措施】因病原菌借雨水等向周围传播蔓延，所以要及早套袋或遮伞，遮雨栽培能抑制其发生。可喷洒硫黄·三唑酮悬浮剂等进行防治。

褐斑病的病斑

白纹羽病

【发生概况】土传性病害。土壤中的病原菌在 5~30℃ 的范围内都能够生存，最适温度为 25℃，在 3~11 月长时间发生。在地表下 40 厘米左右还能检测到该病的病原菌。

【症状】发病初期，叶色变浅，新梢顶端的伸展变差，成熟期提前，叶子黄化，会提前落叶。随着病害扩展，新梢的伸展和枝的成熟变差，果粒都很小，不久树就衰弱而死。那些慢性发病几年的树，有的在夏天的干燥期或采收结束后就突然枯死了。

【防治措施】病原菌利用未腐熟的有机物繁殖，所以和土壤混合时只能用完全腐熟的堆肥。若根被侵染了，就要把树基周围 0.5~1 米的土，在不伤害根的情况下，挖出 30 厘米深的坑使根露出，保留健全的根，把被严重侵染的根剪掉。若只是侵染了根的表面，就用铁丝刷刮去病斑，再使用稻瘟灵颗粒剂等进行处理，然后把根埋回去。

害 虫

蝙蝠蛾

→ 参见第 59 页的照片

【发生概况】在杂草上长到体长 2 厘米左右的幼虫，5~6 月开始侵入葡萄的枝干取食。成虫在 9~10 月发生、雌成虫在夜间边飞边散产下 200~4000 粒卵。

【症状】最初以环状形式取食表皮，当侵入到枝干的木质部后，在内部边取食边向上移动。幼虫取食的部分和侵入口处，被幼虫咬的木屑和虫粪用丝粘连形成的覆盖物遮挡着。

【防治措施】为了阻止其幼虫从杂草向葡萄树移动，要清除树基部的杂草。找到有虫穴洞的盖并除去，再将铁丝插进去刺杀幼虫。可用药剂有 MEP 乳剂等。

蝙蝠蛾幼虫的防除
除去覆在穴洞口的盖，用铁丝刺杀里面的幼虫。

透翅蛾类（葡萄透翅蛾、赤腰透翅蛾等）

→ 参见第 59 页的照片

【发生概况】葡萄透翅蛾，其成虫在 5 月中旬 ~6 月上旬发生，以幼虫越冬。赤腰透翅蛾，其成虫主要在 6~8 月发生，以 6 月中旬 ~7 月中旬居多。

【症状】葡萄透翅蛾的幼虫在枝的内部取食，受害部分的枝会膨胀成纺锤形。

赤腰透翅蛾的幼虫在主干和主枝等的粗皮下取食为害，在受害部位能找到虫粪和树脂黏液，从此处到顶部的枝，长势明显变弱。

【防治措施】针对葡萄透翅蛾，在修剪时把膨胀成纺锤形的被害枝剪掉带出庭院外彻底处理，或者将树内部的幼虫用铁丝刺杀。在其成虫产卵的 5~6 月喷洒杀螟腈可湿性粉剂等。

针对赤腰透翅蛾，找到其排出虫粪和树脂黏液部位的树枝中的幼虫，用铁丝刺杀。有时在受害部位及附近有多头幼虫，所以要仔细观察，不要漏掉。冬天对主干和粗树枝进行刮粗皮处理，确认是否受害。在其成虫发生的 6~8 月喷洒 10% 氯虫苯甲酰胺等。

葡萄虎天牛

→ 参见第 59 页的照片

【发生概况】其成虫在 7 月下旬 ~10 月中旬发生，最盛期为 9 月上、中旬。成虫在新梢的芽鳞片间隙内产卵，以孵化的幼虫越冬。

【症状】越冬的幼虫在新梢和结果母枝内取食为害，受害的节附近表皮下可见到堆积的黑色虫粪。如果新梢受害，会在 5~6 月的伸长期急剧萎蔫；而被取食受害的枝在受害部位容易折断。

【防治措施】把发现有幼虫的枝剪掉，运到庭院外彻底处理。如果发现粗皮下有越冬的幼虫，就用刀具刮除并捕杀。药剂防治可在成虫发生的 7 月以后进行，以最盛期的 8 月下旬 ~9 月上旬为中心，喷洒噻虫胺溶液等，以防止成虫产卵和幼虫侵入为害。

天蛾科（葡萄天蛾、小天蛾等）

【发生概况】天蛾科的幼虫从春天到秋天都可发生。葡萄天蛾的成虫发生

小天蛾的幼虫
从外观上看很吓人，但是没有毒。

期为 7~8 月，小天蛾的为 5~9 月。

【症状】天蛾科害虫只为害叶片，使其只剩下叶柄。这种特别的取食痕迹，很容易被识别。末龄的幼虫能长到大拇指那么大。

【防治措施】一旦发现就立即捕杀。因为它们在土中化蛹，所以在改良土壤的时候，一旦发现就应进行捕杀。

金龟甲类（蚊、铜绿丽金龟、日本丽金龟）

→ 参见第 59 页的照片

【发生概况】蚊的成虫于 6 月 ~9 月中旬发生，（7 月下旬 ~8 月上旬多发）铜绿丽金龟的成虫于 6~8 月发生（6 月中旬 ~7 月上旬多发）。多在平坦地为害，且以沙性土壤发生居多。成虫如果有集结，则逐渐地会有大批的成虫飞过来。

【症状】成虫取食叶，将其为害成网状。如果发生量大，也可为害果实。

【防治措施】一旦发现就立即捕杀。因为摇晃树，成虫就会落下，所以在成虫不活泼的早期，在树底下铺上油纸等摇晃树，待其落下后收集起来集中处理即可。药剂可用氰菊酯溶液等。金龟甲类害虫还可从苹果、梨、桃子等树上飞过来，所以对其他果树园的防治也很有必要。

粉介类（康氏粉介、富士粉介等）

→ 参见第 59 页果实被害的照片

【发生概况】一年中都可发生。康氏粉介以卵越冬，幼虫分别在 5 月上中旬、7 月上中旬、8 月下旬~9 月上旬发生。

【症状】虫体长 3~4 毫米，吸取枝和叶的汁液。被寄生的部位（枝、叶、果穗）有虫的排泄物，在排泄物上进一步滋生黑霉，诱发"煤污病"，发黑，很脏。

【防治措施】冬天时刮粗皮（参见第 38 页），一并除去粗皮间隙内和引缚材料等上面的虫体。可在幼虫发生期喷洒噻虫胺等药剂。

葡萄斑叶蝉

→ 参见第 59 页叶片被害的照片

【发生概况】成虫从 4 月下旬开始出现，幼虫分别在 6~7 月、8 月、9 月发生，一年发生 3 次，以成虫越冬。

【症状】幼虫在叶背面吸取汁液，受害叶片呈白色飞白状。发生量多时，在虫的排泄物上又滋生黑霉而诱发"煤污病"，叶子和果实变黑很脏。由于

葡萄斑叶蝉的成虫
体长 3~4 毫米，很难捕杀。

汁液被吸取，新梢的生长变差，从而影响果实的着色和糖度的增加。如果是虫害突发，则在初秋时会造成落叶，树势衰弱，有时可造成来年的萌芽不整齐。

【防治措施】因为成虫可以在草丛和落叶下越冬，所以要尽量把树体周围的草和落叶清除干净。

枝叶过于繁茂易引起害虫多发，因此要对新梢进行摘心并摘除副梢等，以提高通风透光能力。药剂可用氯菊酯溶液等。

葡萄根瘤蚜

【发生概况】6 月和秋天多发，在容易干燥的沙地和倾斜地发生量多。

【症状】幼虫和成虫在根和叶上吸取汁液。由于它的刺激产生虫瘿，使树体内养分、水分的流动变差，从而妨碍正常的生长发育。在地上部分表现出萌芽不良，不整齐、叶褪色、落花落果等症状。

【防治措施】买苗的时候，选有抗虫性的砧木的苗，是最基本并且有效的预防方法。在压条和插条上，该虫害一旦发生，即使用药剂也难以防治。药剂可用啶虫脒颗粒剂等。

葡萄生长发育过程中的常见问题

花穗和果穗的常见问题

落花落果

→ 参见第 69 页的照片

【症状】即使开花，未授粉、授精的情况下花就落了；即使授了精，成长也很快就停止并出现落果。

【原因】树势强，养分被新梢的生长夺去了，不能及时用于果实的生长。

【对策】开花时对新梢进行摘心，以抑制树势。

坐果不良

【症状】果实着生不好的现象。

【原因】除了落花落果外，树体内贮存的养分不足，日照不足，枝叶和根旺盛地生长，养分都偏向了营养生长，使果穗的数量减少。

【对策】在上年落叶前施底肥。摘除副梢以提高光照能力。在花芽分化时期（参见第 26 页），把新梢按水平方向或向下方向引缚，再通过摘心来抑制枝的伸展，使树势保持稳定。

着色不良

→ 参见第 69 页的照片

【症状】即使到了果实的成熟时期，果皮的着色也不充分。

【原因】果粒着色期（参见第 10 页）遭遇高温，果实数过多，树势太强，早期落叶等。

【对策】如果是因为高温导致着色不良，则可将盆栽的葡萄移到凉爽的场所，庭院栽培的则在高温期向树上喷水。

另外，含糖量越高，果皮的色泽越浓。因此，减少果穗的数量，使分配到每个果穗的糖分增加，果皮的色泽会变浓。若对枝进行环剥，从环剥部分以上的叶制造的养分向根的输送就被切断了，其结果是糖分增加，果皮的色泽也变浓了。

如果是由早期落叶的原因引起的，就要适当地浇水，及时进行病虫害防治、追肥等。在着色期以后，使土壤处于干燥状态能提高着色度，但是这会引起早期落叶，因此要避免过分干燥。

裂果

→ 参见第 69 页的照片

【症状】在果粒软化期以后，果皮的一部分裂开，果肉露出来。在小果梗的基部和果粒的顶部易发生。

【原因】果皮比果肉的生长发育速度慢时就会发生裂果。易发生裂果的是果皮薄的品种。

如果土壤没有保水力或土壤干旱后遇降雨就会多发。另外，如果果粒在果穗内太密，随着果粒的膨大也易发生裂果。

【对策】在果粒软化期以后的浇水要适当控制。在树基部铺上稻草等，可以抑制土壤水分的急剧变化。排水要通畅。适时进行疏粒。第 1 次用赤霉素处理的时间稍早些，可使果穗轴伸长，适当降低果粒的密度。

日灼

→ 参见第 69 页的照片

【症状】被强日光直射时，果粒的部分细胞会变为茶色而坏死。

【原因】果实如果在 35℃ 情况下遭受 3.5 小时，或 40℃ 以上情况下遭受 1 小时左右的日光照射，就会发生日灼。

特别是在果粒软化期的初期很容易发生日灼。

【对策】进行套袋和遮伞。对果穗附近的叶要最小限度地摘除，避免过度地遭受日晒。在日光强时进行遮挡。

坚硬的绿色小果粒

【症状】生长发育停止，即使到了成熟期，果粒仍然很小并且是未成熟的状态。

【原因】主要是赤霉素处理过早，果粒中的生长素含量太高。

【对策】幼树和树势强的树易发生，因此要控制氮肥的使用量，对新梢要进行摘心和引缚，摘除副梢等使树势保持稳定。用赤霉素处理的时期稍微推迟一下。

脱粒

【症状】采收的果穗上，果粒零散地往下掉。

【原因】果粒有点儿成熟过度。脱粒的程度因品种而异，巨峰系列易发生脱粒。

【对策】进行花穗整形，把蕾紧密排列的顶端留下。但是糖度越高的果粒越容易脱落。

枝和叶的常见问题

衰弱枝

【症状】粗的新梢发生，它前面的结果母枝的生长发育会变差而枯死。

【原因】主枝被粗的新梢夺去了养分和水分。

【对策】对生长势很强的新梢，进行摘心和环状剥皮，削弱其长势。但是一旦成为衰弱枝，就要用粗壮枝来代替它作为主枝。

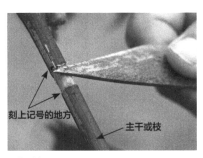

刻上记号的地方

主干或枝

环状剥皮
把剥皮的部分先刻上记号，环状地剥去表皮，深达形成层。

早期落叶

→ 参见第 74 页的照片

【症状】比健康树的落叶时间（11 月）提早了。

【原因】水分不足，由于枝的过于繁茂而引起的日照不足，发生病虫害等。由于早期落叶使养分的贮存期变短，从而引起枝的成熟不良。

【对策】采收后也要定期进行浇水和防治病虫害，对新梢进行摘心并摘除副梢，确保树冠内部通风透光。

趋于成熟不良

【症状】新梢的伸展到秋天以后也不停止，枝未变成茶色，也未木质化。没有木质化的枝不耐寒。

【原因】树势太旺，日照不足。

【对策】控施氮肥。对新梢进行摘心作业，提高通风透光能力。

专栏

为什么要控制树势

栽培葡萄时，心想着把树培养得又大又壮，不知不觉地就把肥料和水用过量了。于是枝、叶、根等和果实不相关的器官生长得太旺盛，致使枝和叶混杂拥挤，成为病虫害蔓延的根源。

其他常见问题

买来的时候是带果实的盆栽树，但到来年不坐果了

【症状】新梢的伸展很好，但没有花；或虽然有花但在膨大前就落花（落果），新梢的成长、着花等都不好。

【原因】树体内贮存的养分不足是主要的原因。市场上卖的带果实的苗，有的是从大树结果的枝通过压条得到的。这些苗发根后从母株上割断分离下来，贮存的对来年成长和结实所必需的养分并不充足。

另外，日照不足，好几年没有进行换盆，导致根挤满了花盆，根的输导受阻，吸收的养分不足的例子也有。

【对策】施入适量的肥料。把盘曲的多余的老旧根剪掉，再进行换盆，使之发生新根。盆栽的把花盆搬到日照好的场所进行培育。如果进行正常管理的话，品种之间虽多少有差异，但到来年至少能结出小的果实。

使用药剂导致果皮变黑

【症状】果实表面像涂了油似的变黑了。

【原因】喷洒了对落叶果树的介壳虫有效的机油乳剂后，又遇高温，就发生了药害。

【对策】在高温时要控制机油乳剂的使用。因为这种药剂的使用时期没有明确写明，或没有仔细看说明书就在高温期使用了。

专栏

栽培葡萄的目的

栽培葡萄的目的是生产出尽量多的香甜的果实。对植物来说结实的目的，是制造种子以留下子孙后代。促使果实生长的叫"生殖生长"。如果能抑制树势的话，就使营养生长倾向于生殖生长。总之，要想生产出好且多的果实，抑制树势是很重要的。

葡萄的新梢长到 30 厘米左右时就开始花芽分化。此后，一方面要培育今年的果实使之成熟，另一方面又要培育来年的花芽，被迫要承担这双重负担。要想培育来年的花芽，就需要有一定量的叶，所以过分削弱树势就生产不出好的果实。但即使树势过于旺盛，生殖生长不进展也生产不出好的果实。

关于葡萄的三个轶话

伊斯兰教和生吃葡萄的多样性

据记载，含有栽培品种的葡萄属的植物在地球上出现，是在数千万年前的白亚纪后期，但是到 100 万年前的冰河期几乎灭绝。在冰河期结束后生存下来的葡萄，有亚洲西部原生、亚洲东部原生和北美洲原生 3 个种群。

葡萄酒酿造是用亚洲西部原生的野生种开始的。在伊朗北部发现了公元前 5400~ 公元前 5000 年在家庭内酿造葡萄酒的遗迹。另外，公元前 9000~ 公元前 8000 年的新石器时代酿葡萄酒用的陶制容器在格鲁吉亚被发现，所以初步认定黑海沿岸是葡萄酒酿造的发源地。

葡萄栽培和酿酒文化的传播，西部是从美索不达米亚开始，途经埃及、爱琴海的各个岛屿、希腊，再传到罗马。当时恺撒统治着高卢（现法国、比利时、意大利北部等地的总称），因此葡萄的栽培技术被传到了欧洲的广大地区。

从黑海沿岸到东部的地域，通过丝绸之路，在途经沙漠地带信仰伊斯兰教的国家和地区时，葡萄栽培及用途发生了变化，葡萄在酿酒方面不再使用，在鲜食和葡萄干制作方面被利用起来。出于这样的目的，大粒的和变了形状的葡萄被人们喜好，而原先小粒的、果皮厚的、酿酒用的葡萄就被淘汰了。

在东部的中国，当时已经确立了用谷类酿酒的技术，所以葡萄就没有作为酒的原料。到了（东亚、东南亚一带）几乎只是作为鲜食的品种了。于是酿酒用的品种充其量就只有那些色泽和香味独特的品种了，果粒的形状、大小等多种多样的品种被开发出来。

罗马时代的葡萄栽培

罗马帝国侵入欧洲后，对葡萄产生了极大的兴趣。因为罗马人在入侵地区种植葡萄，所以葡萄栽培和葡萄酒的酿造在 3 世纪前后几乎扩展到了欧洲的全部区域。喜欢葡萄酒的罗马人，为了在入侵地区也能自由地喝到葡萄酒，扩大了葡萄栽培的规模，但是其背后却隐藏着战略的目的。

葡萄酒酿造必须使用葡萄，为此把山林也开垦成葡萄园。采收葡萄后，为了搬运就必须整修道路。栽培面积扩大，采收量增加，需要的人手也就多了。这样不知不觉中，巧妙地隐藏着某种战略目的——为建造葡萄园而开垦山林地，一望无际，敌人的隐藏场所也减少了；为了搬运采收后的葡萄而进行道路整修，同时也确保了军队的交通道路；对于收入不稳定的打猎民族，让他们搞葡萄栽培和葡萄酒的酿造，然后再回收酿造的葡萄酒，给予他们经济有保障的安定生活，于是人们心里装有的不满也就消失了，也便于统治了。

这个时代的葡萄栽培，试行过把葡萄的枝盘绕到榆树和杨树上的培育方法。在采收时登上这些高大的树，会经常折断树枝，受伤或掉下来跌死的人也很多。因此雇主就作为意想不到的灾害提前订协议对其进行补偿，

以此来确保人手。据说这就是现在生命保险的起源。

果实的香味

葡萄果实的香味，有"狐香""麝香"等。这个香味还不是直接用鼻子嗅的，而是果实先经过口，再从口到鼻子时的感觉。

狐香是美洲种葡萄特有的香味，从前就有把美洲种葡萄叫"fox grape"的说法。另外，狐香也叫拉布鲁斯卡香（美洲葡萄香），主要成分是甲基邻氨基苯甲酸酯。

欧洲种葡萄以奥布·亚历山大麝香葡萄为代表，其香味是麝香，主要成分是里哪醇、橙花醇、牻牛儿醇、α-松油醇、香茅醇。

用麝香味的葡萄酿造的葡萄酒放久了，可变成红薯烧酒的味道。实际上，麝香味葡萄酒和红薯烧酒香味的主要成分一样，只是最开始的主要成分不同，随着时间的推移，才逐渐地与红薯烧酒的成分含量接近。因此，麝香味的葡萄酒应尽可能早地享用为好。

专业名词解释

"新梢是什么样的枝"？"趋于成熟在什么时候"？
如果有不明白的用语，请看这里。

● **本页的使用方法**

书中出现的某些词汇，在这里进行解释说明。

变异枝：由于突然变异，其个体的遗传形态、特性变成另外的枝。具有变异枝的植株就成了新的品种。

插条：扦插时使用的经修剪过的枝和茎。

稻草等覆盖：在树基部及其周围用稻草等材料覆盖。

底肥：在采收后给消耗的树体补充养分，以恢复其树势所施的肥料。

覆盖物：在树干基部及周围用各种材质的物质进行覆盖。

改良土壤：在移栽前，对种植场地的土壤进行适于植物生长发育的人为改良。

花芽分化：在芽中，将来发育成为花的器官。

混合花芽：葡萄的1个芽萌发伸展的新梢上着生着叶，也着生着花。这样同时含有叶和花的芽叫作混合花芽。

基肥：植物生长发育开始前施用的肥料。

结果枝：结果实的枝。

膨大期：果粒膨大期。

趋于成熟：枝变成茶色并且发生木质化。

软化期：果粒软化期。

树冠：指树的地上部分，由主枝、侧枝、结果枝、新梢等着生叶繁茂的部分组成。

树势：表示树的生长势。所谓树势强，就是有生长势的新梢很多并且处于旺盛伸展的状态。

铁丝：设置在支柱上，把枝引缚到上面，以支持葡萄树的生长。

新梢：当年萌发生长的枝，也称"一年枝"。

新梢的摘心：对当年伸展的枝进行打顶。

休眠枝：处于休眠状态的枝条。

异花授粉：一朵花的花粉，给另一植株的雌蕊进行的授粉。

引缚：把枝强制性地引导到支柱或棚架上，并且用绳等材料系住。

自花授粉：一朵花的花粉，给同一朵花或同一植株上其他花的雌蕊进行的授粉。

摘心：为防止树徒长而摘掉枝的顶端部分。

自然杂交：不进行人为干预，在自然状态下，种间或品种间授粉而结实。

追肥：生长发育过程中施用的肥料。

NHK
园艺指南系列

图解葡萄整形修剪与栽培月历

作者：[日]望冈亮介
ISBN：978-7-111-60995-7
定价：35.00 元

望冈亮介，农学博士，日本香川大学农学部教授，本着推广安全可靠的栽培技术的原则，专心致力于果实品质提高的技术开发。

图解柑橘类整形修剪与栽培月历

作者：[日]三轮正幸
ISBN：978-7-111-61173-8
定价：35.00 元

三轮正幸，日本千叶大学环境健康领域科学中心助教，长期从事果树园艺、社会园艺方面的工作。作为 NHK 的趣味园艺讲师，为众多家庭讲授轻松快乐地种植果树的方法。

图解蓝莓整形修剪与栽培月历

作者：[日]伴琢也
ISBN：978-7-111-60859-2
定价：35.00 元

伴琢也，日本东京农工大学农学部教授，长期从事果树园艺栽培工作，不断探索栽培环境中的各要素对果实着色、根系生长特性的影响，并致力于向实际的栽培技术方面转化。

Original Japanese title: NHK SHUMI NO ENGEI 12 KAGETSU SAIBAI
NAVI ⑦BUDOU Copyright © 2017 MOCHIOKA Ryosuke
Original Japanese edition published by NHK Publishing, Inc.
Simplified Chinese translation rights arranged with NHK Publishing,Inc.
through The English Agency (Japan) Ltd. and Eric Yang Agency

　　本书由株式会社NHK出版授权机械工业出版社在中国大陆地区（不包括
香港、澳门特别行政区及台湾地区）出版与发行。未经许可之出口，视为违
反著作权法，将受法律之制裁。
　　北京市版权局著作权合同登记 图字：01-2018-2529号。

图书在版编目（CIP）数据

　　图解葡萄整形修剪与栽培月历 / （日）望冈亮介著；
赵长民译. — 北京：机械工业出版社，2018.11（2024.9重印）
（NHK园艺指南）
　　ISBN 978-7-111-60995-7

　　Ⅰ. ①图… Ⅱ. ①望… ②赵… Ⅲ. ①葡萄—修剪—图解
②葡萄栽培—图解 Ⅳ. ①S663.1-64

　　中国版本图书馆CIP数据核字（2018）第219156号

机械工业出版社（北京市百万庄大街22号 邮政编码100037）
策划编辑：高　伟　　责任编辑：高　伟
责任校对：孙丽萍　　责任印制：邓　博
北京盛通数码印刷有限公司印刷

2024年9月第1版·第3次印刷
147mm×210mm·3印张·114千字
标准书号：ISBN 978-7-111-60995-7
定价：35.00元

凡购本书，如有缺页、倒页、脱页，由本社发行部调换
电话服务　　　　　　　网络服务
服务咨询热线：010-88361066　机 工 官 网：www.cmpbook.com
读者购书热线：010-68326294　机 工 官 博：weibo.com/cmp1952
　　　　　　　010-88379203　金　书　网：www.golden-book.com
封面无防伪标均为盗版　　教育服务网：www.cmpedu.com

原书封面设计
冈本一宣设计事务所

原书正文设计
山内迦津子、林圣
子、大谷绅（山内浩
史设计室）

封面摄影
田中雅也

正文摄影
田中雅也

伊藤善规/今井秀治/
上林德宽/筒井雅之/
福田稔/丸山滋

插图
五岛直美
太良慈朗
（图片绘制）

原书校对
安藤干江/高桥尚树

原书协助编辑
小叶竹由美

原书企划·编辑
相原佳香（NHK
出版）

协助取材·照片提供
香川大学农学部/望冈
亮介/谷川晶保/草间
祐辅
Ashikawa苗圃/
Andy&Williams植物
园/笛吹川水果公园
/岐阜大学/竹田重邸
/山梨县果树试验场
/农业研究机构果树
茶叶研究部门（河野
淳、须崎浩一、新井
朋德、井上广光）
阿尔斯摄影策划